细胞生物学实验简明教程与习题指南

主编　王任翔

科　学　出　版　社

北　京

内 容 简 介

本书分两篇：第一篇为细胞生物学实验教程，包括基础性、综合性实验，研究性、设计性实验两部分，共28个实验。所选实验均为细胞生物学实验基本的、经典的技术和方法，内容包括细胞形态结构的显微和亚显微结构观察，细胞器分离与观察技术，细胞生理生化技术，细胞分裂、染色体制片与核型分析技术，细胞培养和细胞工程技术，细胞凋亡的诱导和细胞凋亡的流式细胞仪检测等。第二篇为细胞生物学习题指南，目的是帮助学生理解、消化和巩固课堂内容。

本书可作为高等院校生物类专业本科细胞生物学实验课程的教材，特别适合师范院校生命科学、生物技术专业或相关专业的学生使用，也可供相关科研及实验技术人员参考。

图书在版编目（CIP）数据

细胞生物学实验简明教程与习题指南/王任翔主编. —北京：科学出版社，2016

ISBN 978-7-03-048755-1

Ⅰ. ①细… Ⅱ. ①王… Ⅲ. ①细胞生物学-实验-高等学校-教学参考资料 Ⅳ. ①Q2-33

中国版本图书馆CIP数据核字（2016）第131783号

责任编辑：王玉时 / 责任校对：郑金红
责任印制：赵 博 / 封面设计：迷底书装

科学出版社 出版
北京东黄城根北街16号
邮政编码：100717
http://www.sciencep.com
三河市骏杰印刷有限公司印刷
科学出版社发行 各地新华书店经销
*
2016年8月第 一 版 开本：787×1092 1/16
2025年1月第十一次印刷 印张：10 3/4
字数：255 000

定价：39.80元

（如有印装质量问题，我社负责调换）

编写人员名单

主　编　王任翔

副主编　刘华英　王小敏　何英姿
　　　　覃　玥　方利娟

编　委（按姓氏汉语拼音排序）

陈志坚（广西师范大学）
方利娟（百色学院）
何英姿（广西师范学院）
刘华英（广西师范大学）
罗奉奉（河池学院）
蒲仕明（广西师范大学）
覃　玥（河池学院）
王任翔（广西师范大学）
王小敏（玉林师范学院）
张　慧（玉林师范学院）

前　言

细胞生物学从细胞的发现之日起就与实验仪器的发明和实验技术的更新密切联系，从光学显微镜、电子显微镜对细胞结构和功能的研究，到用现代分子生物学技术对细胞生命活动规律和机制的研究，再到20世纪末多莉羊克隆及胚胎干细胞研究等技术突破性的进展，使21世纪上半叶成为细胞科学的世纪。在我国生命科学高等教育教学中，细胞生物学被指定为主干专业课程之一，细胞生物学实验则是本课程的重要组成部分。

为适应高等师范院校人才培养模式和教育改革的需要，我们组织多所高等师范院校教学一线的骨干教师，在多年教学改革和实验教学的基础上，编写了本教材。编写本教材的目的主要是通过基本实验方法、技能的训练，培养学生独立分析问题、解决问题和科学思维的能力。本教材分两篇：第一篇为细胞生物学实验简明教程，包括基础性、综合性实验，以及研究性、设计性实验两部分，共28个实验。所选实验涵盖目前细胞生物学研究领域经常用到的经典实验方法和实验技术，内容包括细胞形态结构的显微和亚显微观察技术、细胞器分离与观察技术、细胞生理生化技术、细胞分裂和染色体制片与核型分析技术、细胞培养和细胞工程技术，新增了不少与现代细胞生物学相关的技术，如胚胎干细胞的分离与培养技术、细胞凋亡的诱导和流式细胞仪检测技术等。此外还提供了4个研究、设计性实验供学生参考选做，由学生自行组合、选题、查文献资料、设计实验方案，独立完成实验，独立撰写研究论文，使学生得到科学研究的初步训练，为毕业论文及将来的科学研究工作打下基础。为避免相关学科实验重复，基因组DNA的提取、基因的克隆、生物信息学的方法和技术等交叉学科实验内容均未编入。第二篇为细胞生物学习题指南，以王金发主编的《细胞生物学》（第1版，科学出版社，2003）、翟中和等主编的《细胞生物学》（第3版，高等教育出版社，2007）和杨维才等主编的《郑国锠细胞生物学》（第1版，科学出版社，2015）为蓝本，精选各章节习题并对其进行简要解答；特点是把枯燥无味的习题同相关的诺贝尔奖结合起来，引导学生了解相关知识背后科学家求真创新的感人故事，以达到启发学生的创新意识和灵感、帮助学生理解巩固课堂知识的目的。

本教材中每个实验的编写力求做到：内容丰富全面，原理简明扼要，操作具体简单；每个实验都附有实验结果参考图。因此，本教材具有简明、实用的特点。

本教材可作为高等院校生物类专业本科基础细胞生物学实验课程的教材，特别适合师范院校生物科学、生物技术专业或相关专业的学生使用，大多数实验兼顾了动物和植物材料，各高校可根据自身教学资源条件和实验教学时间进行自主选择。本教材也可供相关科研及实验技术人员参考。

本教材的编写人员均为长期在细胞生物学理论和实验教学一线的老师，编写的内容是他们多年教学实践的经验和研究成果。编写人员有（按姓氏汉语拼音排序）：陈志坚（广西师范大学）、方利娟（百色学院）、何英姿（广西师范学院）、刘华英（广西师范大学）、罗奉奉（河池学院）、蒲仕明（广西师范大学）、覃玥（河池学院）、王任翔（广西师范大学）、王小敏（玉林师范学院）、张慧（玉林师范学院）；广西师范大学生命科学学院硕士研究生林婷婷和庞洁参与了习题精选、部分实验的验证和文字编辑排版工作，统稿和审稿由王任翔老师完成。

在本教材的编写及出版过程中，科学出版社给予了大力的支持与帮助，在此表示衷心的感谢！最后，我们还要特别感谢广西师范大学生命科学学院武正军教授对本教材的大力支持，同时非常感谢广西师范大学“2014年广西优势特色专业建设——生物技术专业”项目的资助！

由于水平有限，疏漏和欠妥之处在所难免，敬请批评指正。

编 者

2016年4月

目　　录

第一篇　细胞生物学实验简明教程

第二篇 细胞生物学习题指南

第一篇

细胞生物学实验简明教程

第一部分 基础性、综合性实验

实验一　普通光学显微镜的原理、结构及使用方法

——染色体、核仁组织区、染色体带型标本的观察

【实验目的】

（1）了解普通光学显微镜的原理、结构。

（2）掌握普通光学显微镜的使用方法。

（3）了解染色体、核仁组织区、染色体带型标本制备的原理。

（4）掌握人类染色体、核仁组织区、染色体带型的特征。

【实验原理】

显微镜的主要部分是目镜和物镜，为两组凸透镜。物镜的焦距短，目镜的焦距较长，其成像原理如图 1-1 所示。当被观察物体 AB 放在物镜前方的 1～2 倍焦距之间时，光线通过物镜在镜筒中形成一个放大的倒立实像 A′B′，这个实像恰好位于目镜的焦平面之内，通过目镜后形成一个放大的倒立虚像 A″B″。用调焦装置使 A″B″落在人眼睛的明视距离（25mm）内，眼睛看到的物体才最清晰。从图 1-1 可以看出，A″B″的视角比眼睛直接看 AB 的视角大得多，因此用显微镜可以看清非常微小的物体。

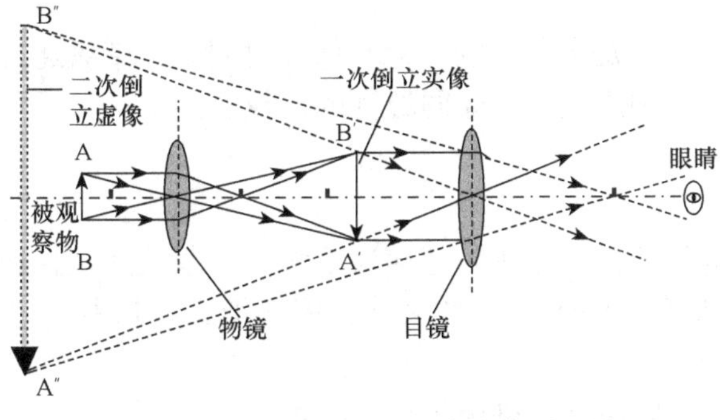

图 1-1　普通光学显微镜成像原理图

向培养物中加入适量秋水仙素可使纺锤体微管解聚，导致细胞停留在中期，从而获得大量的分裂细胞。用低渗盐溶液（一般是 0.075mol/L 的 KCl）处理，使其中的红细胞及分裂象细胞膜和一部分细胞质除去，最后以气干法制片，可获得较好的染色体标本。

核仁组织区（NOR）是染色体上编码 5.8S rRNA、18S rRNA 和 28S rRNA 的基因（rDNA）所在的部位。染色体上具有转录活性或已转录过 rRNA 基因的部位伴有丰富的

酸性蛋白（C_{23}蛋白，分子质量 100kDa；B_{23}蛋白，分子质量 37kDa），这类酸性蛋白含有 SH 基团和二硫键，可将 $AgNO_3$ 中的 Ag^+ 还原成黑色的 Ag 颗粒，故有转录活性的核仁组织区可被 $AgNO_3$ 镀上颗粒而呈黑色，无转录活性的核仁组织区则不被着色。银染色强度与 rRNA 的转录活性有关。

近代染色体显带技术始于 Caspersson 及其同事，以及 Pardue 和 Gall 的开拓性研究，前者运用荧光素芥子喹吖因（QM）使染色体的不同区段出现亮暗相间的带纹，后者在原位杂交中使染色体的着丝粒区域染上深色。随后相继出现了 Q、G、C、R、N、T、Cd 等多种类型的显带技术，显示染色体的许多亚结构，最常用的一种是 G-显带技术。

G-带的形成与 Giemsa 染料组成的染色特性是分不开的。Giemsa 染料由不同噻嗪染料混合物（最重要的是天青）和伊红组成，而染色体的着色有赖于在原位形成噻嗪-伊红（2∶1）沉淀物。着色过程：首先，两个噻嗪分子与 DNA 结合，然后再与一个伊红分子结合；其次，需要一个疏水环境，以利于染料沉淀物的累积。染色体上含有高浓度疏水性蛋白质的区域，有利于噻嗪-伊红沉淀物的形成。这些区域相当于含高比例二硫键的氧化态蛋白质区域，经过一系列处理后显示暗带；而另一些区域（明带区）则为含巯基的还原态蛋白质区域，为亲水性蛋白质，对染料的亲和力低，不易显色。这表明在 G-带的形成过程中，蛋白质状态是一个很关键的因素，这与染色体的功能有关。如果染色体上某一区域的 DNA 为重复序列，则其转录活性就低，相应地包装它们的蛋白质也就较稳定，可能通过较强的二硫键形成很稳定的疏水的α螺旋结构，成为染料沉淀物沉积的环境，从而显示出阳性带；相反如果染色体上某一区域的 DNA 富含具有转录活性的结构基因，则其在功能上就相对活跃，包装它们的蛋白质也就较疏松，在构象上类似于β折叠结构，经处理后，二硫键断裂，还原为巯基，成为亲水性蛋白质而不利于染料沉淀物的积累，所以着色浅，显示阴性带。

G-带有许多优点：染色是永久性的，标本保存时间长，带纹通常较稳定，有利于染色体的结构分析，以及物种之间染色体同源性的比较。

【实验用品】

器具：显微镜、电子天平、冰箱、超声波清洗机、载玻片、盖玻片、尖头镊子、刀片、标记笔、量筒、吸管、橡皮头、吸水纸、擦镜纸、细口瓶、广口瓶、烧杯、玻璃棒、容量瓶、洗瓶、滴瓶。

材料：染色体、核仁组织区、染色体带型标本。

【实验方法和步骤】

一、普通光学显微镜的构造

普通光学显微镜的构造主要分为三部分：机械部分、照明部分和光学部分（图 1-2）。

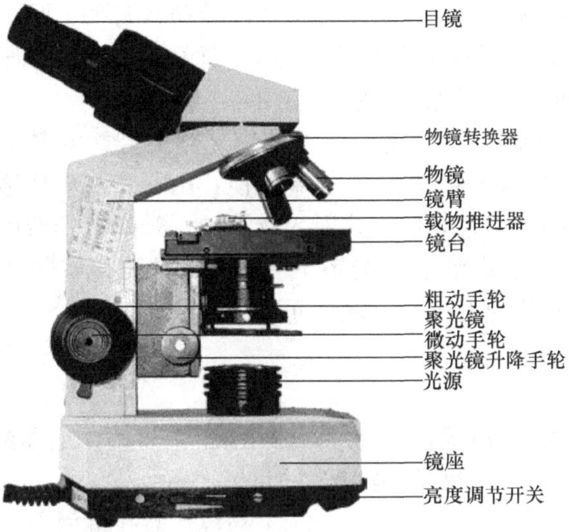

图 1-2 普通光学显微镜的构造

1. 机械部分

（1）镜座：是指显微镜的底座，用以支持整个镜体。

（2）镜柱：是指镜座上面直立的部分，用以连接镜座和镜臂。

（3）镜臂：一端连于镜柱，一端连于镜筒，支持镜筒与镜台，是取放显微镜时手握的部位。

（4）镜筒：连在镜臂的前上方，镜筒上端装有目镜，下端装有物镜转换器，保护成像的光路和亮度。

（5）物镜转换器：接于镜筒下方的圆盘状部件，可自由转动，盘上有 3 个或 4 个圆孔，是安装物镜的部位。转动转换器，可以调换不同倍数的物镜，当听到碰叩声后方可进行观察，此时物镜光轴恰好对准通光孔中心，光路接通。

（6）镜台（载物台）：在镜筒下方，有方形、圆形两种，用以放置玻片标本，中央有一通光孔，镜台上装有玻片标本推进器（推片器），推进器左侧有弹簧夹，用以夹持玻片标本，镜台下有推进器调节轮，可使玻片标本作左右、前后方向的移动。

（7）调节器：是指装在镜柱上的大小两种螺旋，调节时使镜台作上、下方向的移动，用以调节焦距。①粗调节器（大螺旋）：大螺旋称为粗调节器，移动时可使镜台作快速和较大幅度的升降，迅速调节物镜和标本之间的距离使物像呈现于视野中，通常在使用低倍镜时，先用粗调节器迅速找到物像。②细调节器（小螺旋）：小螺旋称为细调节器，移动时可使镜台缓慢地升降，多在运用高倍镜时使用，从而得到更清晰的物像，并借以观察标本不同层次和不同深度的结构。

2. 照明部分

装在镜台下方，包括反光镜、集光器。

（1）反光镜：装在镜座上面，可向任意方向转动，有平、凹两面，其作用是将光源光线反射到聚光器上，再经通光孔照明标本。凹面镜聚光作用强，适于光线较弱时使用；平面镜聚光作用弱，适于光线较强时使用。

（2）集光器（聚光器）：位于镜台下方的集光器架上，由聚光镜和光圈组成，其作用是把光线集中到所要观察的标本上。①聚光镜：由一片或数片透镜组成，起汇聚光线的作用，加强对标本的照明，并使光线射入物镜内，升降聚光器可以调节视野中光亮度的强弱。②光圈（虹彩光圈）：在聚光镜下方，由十几张金属薄片组成，其外侧伸出一柄，推动它可调节其开孔的大小，以调节通过的光量。

3. 光学部分

（1）目镜：装在镜筒的上端，通常备有2个或3个目镜，上面刻有5×、10×或 15×符号，表示其放大倍数，一般装的是 10×的目镜。

图 1-3 不同倍数物镜

（2）物镜：装在镜筒下端的物镜转换器上，一般有 3 个或 4 个物镜，其中刻有“10×”符号的为低倍镜，刻有“40×”符号的为高倍镜，刻有“100×”符号的为油镜。通常在物镜上标有主要的性能指标：放大倍数和镜口率，如 10/0.25、40/0.65 和 100/1.30；镜筒长度和所要求的盖玻片厚度，如 160/0.17mm（图 1-3）。

镜口率（numerical aperture，N.A.）反映该镜头分辨力的大小，其数字越大，表示分辨率越高。各物镜的镜口率如表 1-1 所示。

表 1-1 不同倍数物镜的比较

物镜	镜口率（N.A.）	工作距离/mm
10×	0.25	5.40
40×	0.65	0.39
100×	1.30	0.11

表 1-1 中的工作距离是指显微镜处于工作状态（物像调节清楚）时物镜的下表面与盖玻片上表面之间的距离，物镜的放大倍数越大，它的工作距离越小。

显微镜的放大倍数是物镜的放大倍数与目镜的放大倍数的乘积。例如，物镜为 10×，目镜为 10×，其放大倍数就为 10×10＝100。

二、普通光学显微镜的使用方法

1. 低倍镜的使用方法

（1）取镜和放置：显微镜平时存放在柜或箱中，用时从柜中取出，右手紧握镜臂，左手托住镜座，将显微镜放在自己左肩前方的实验台上，镜座后端距桌边 3～6cm 为宜，便于坐着操作。

（2）对光：用拇指和中指移动物镜转换器（切忌手持物镜移动），使低倍镜对准镜台的通光孔（当转动听到碰叩声时，说明物镜光轴已对准镜筒中心）。打开光圈，上升集光器，并将反光镜转向光源，一边在目镜上观察，一边调节反光镜方向，直到视野内的光线均匀明亮为止。若使用电光源显微镜，先打开显微镜电源开关，然后使低倍镜对准镜台，开大光圈，上升集光器并调节光亮调节钮至视野内光线明亮适中。

（3）放置玻片标本：取一玻片标本放在镜台上（一定使有盖玻片的一面朝上，切不可放反）用推片器弹簧夹夹住，然后旋转推片器螺旋，将所要观察的部位调到通光孔的正中。

（4）调节焦距：以逆时针方向转动粗调节器，使镜台缓慢地上升至物镜距标本片约 5mm 处（注意在上升镜台时切勿在目镜上观察，一定要从右侧看着镜台上升，以免上升过多，造成镜头或标本片的损坏），然后在目镜上观察，同时顺时针方向缓慢转动粗调节器，使镜台缓慢下降，直到视野中出现清晰的物像为止。

如果物像不在视野中心，可调节推片器将其调到中心（注意移动玻片的方向与视野物像移动的方向相反）。如果视野内的亮度不合适，可通过升降集光器的位置或开闭光圈的大小来调节，如果在调节焦距时，镜台下降已超过工作距离（＞5.40mm）而未见到物像，说明此次操作失败，则应重新操作，切不可因心急而盲目上升镜台。

2. 高倍镜的使用方法

（1）选好目标：一定要先在低倍镜下把需要进一步观察的部位调到视野中心，同时把物像调节到最清晰的程度，才能进行高倍镜的观察。

（2）转换高倍镜：转动转换器，调换上高倍镜头，转换高倍镜时转动速度要慢，并从侧面进行观察（防止高倍镜头碰撞玻片），如果高倍镜头碰到玻片，说明低倍镜的焦距没有调好，应重新操作。

（3）调节焦距：转换好高倍镜后，在目镜上观察，此时一般能见到一个不太清楚的物像，可将细调节器的螺旋逆时针移动 0.5～1 圈，即可获得清晰的物像（切勿用粗调节器）。

如果视野的亮度不合适，可用集光器和光圈加以调节。如果需要更换玻片标本，必须顺时针（切勿转错方向）转动粗调节器使镜台下降，方可取下玻片标本。

3. 油镜的使用方法

（1）在使用油镜之前必须先经低、高倍镜观察，然后将需进一步放大的部分移到视野的中心。

（2）将集光器上升到最高位置，光圈开到最大。

（3）转动转换器，使高倍镜头离开通光孔，在需观察部位的玻片上滴加一滴香柏油，然后慢慢转动油镜。转换油镜时，从侧面水平注视镜头与玻片的距离，使镜头浸入油中而又不以压破载玻片为宜。

（4）观察目镜，并慢慢转动细调节器至物像清晰为止。

如果不出现物像或者目标不理想要重找，在加油区之外重找时应按：低倍镜→高倍镜→油镜程序操作。在加油区内重找应按：低倍镜→油镜程序操作，不经高倍镜，以免油沾污镜头。

（5）油镜使用完毕，先用擦镜纸沾少许二甲苯将镜头上和标本上的香柏油擦去，然后再用干擦镜纸擦干净。

三、操作练习

观察人染色体、核仁组织区、染色体带型切片。先在低倍镜下观察，选择染色体分散良好、无重叠的分裂中期细胞（此时已看不到细胞膜与核膜）。然后转至高倍镜下仔细观察分析，最后换油镜观察。首先计数该细胞染色体总数，再注意观察染色体的形态大小，每条染色体含有两条染色单体，两条染色单体连接处为着丝粒，注意每条染色体的大小和着丝粒的位置。区分中央着丝粒染色体、亚中央着丝粒染色体、亚端着丝粒染色体和端着丝粒染色体。观察核仁组织区在染色体上的位置，在染色体组中的分布。观察染色体带型特征。

【实验结果】

实验结果见图 1-4、图 1-5。

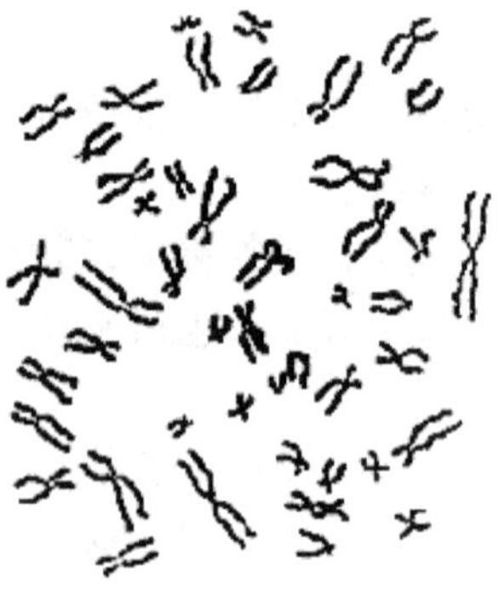

图 1-4 人染色体

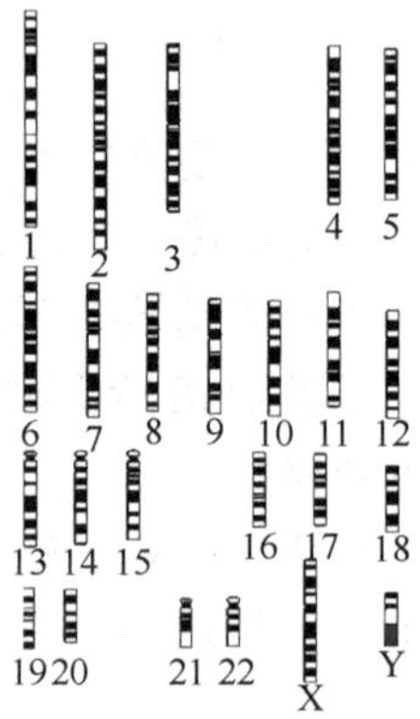

图 1-5 人染色体带型图谱

【注意事项】

（1）持显微镜时必须是右手握臂、左手托座的姿势，不可单手提取，以免零件脱落或碰撞到其他地方。

（2）轻拿轻放，不可把显微镜放置在实验台的边缘，以免碰翻落地。

（3）放置玻片标本时要对准通光孔中央，且不能反放玻片，防止压坏玻片或碰坏物镜。

（4）在上升镜台、转换物镜时要从显微镜的侧面注视着，切勿边操作边在目镜上观察，以免物镜与玻片相碰，造成镜头或玻片的损坏。

（5）转换物镜时应通过物镜转换器，切勿直接手持物镜转换。

（6）需要更换玻片时，使镜台与物镜远离，方可取下玻片。

（7）水滴、乙醇或其他药品切勿接触镜头和镜台，如果沾污应立即擦净。

（8）不要随意取下目镜，以防止尘土落入物镜，也不要任意拆卸各种零件，以防损坏。保持显微镜的清洁，光学部分和照明部分只能用擦镜纸擦拭，切忌口吹、手抹或用布擦，机械部分用布擦拭。

（9）使用完毕后，取下标本片，转动转换器使镜头离开通光孔，下降镜台，用擦镜纸把镜头擦干净，盖上绸布和外罩，放回实验台柜内。最后填写使用登记表。若使用电光源显微镜，使用完毕后，先调节光亮调节钮至光线最弱，然后关闭显微镜电源开关，再按上述步骤处理。

【作业】

（1）绘制中期人染色体图，显示染色体的大小、数目和形态。

（2）记录染色体总数，具有核仁组织区的染色体数。

（3）说明 G-显带原理。

（4）概述显微镜使用的注意事项。

实验二　显微制片的基本方法与技术

【实验目的】

（1）了解临时制片的方法与技术。

（2）了解永久制片的方法与技术。

【实验原理】

植物制片技术是植物显微技术课程的一个重要组成部分，在有关植物形态建成、植物杂交育种、作物病虫害防治、药用植物的培育和鉴别，以及林木材性鉴定等多方面的研究和教学工作中，都需要应用显微制片技术。由于各种植物器官的性质差异及研究目的的不同，需要采用不同的制片方法。

临时制片：作临时观察用，随用随作，通常仅能保留 1～2 周。

永久制片：永久制片时应该选择新鲜的动物、植物材料，将新鲜材料投入某类化学药液中，借助化学药品的作用使细胞组织的形态保存下来，不使其改变形态和变质，经封片后可长久保存。

Ⅰ. 临时制片法

【实验用品】

器具：生物显微镜、刀片、镊子、试管、烧杯、培养皿、酒精灯。

试剂：水合氯醛试液、稀丙三醇、氢氧化钾。

材料：植物组织，为便于操作，可选择软硬适中的组织。

【实验方法和步骤】

徒手切片法是最基本也是最常用的切片方法，不但操作最为简便迅速，而且制成的切片还可以保持细胞和内含物的固有形态，便于进行各种显微化学反应。

（1）材料的制备：将植物材料刷洗干净，粗大或长形的材料应先切成适当大小的块或短段，一般以宽不超过 1cm、长不超过 3cm 为宜，较坚硬的材料则以宽 0.5cm 为宜，切面应平整。

质地软硬适中的材料可以直接进行切片，质地较坚硬的材料须先使其软化才能切片。过于柔软的材料不便夹持切片，可将其浸入 70%～75%的乙醇中约 20min 后变得较硬才进行切片。

（2）切片方法：用左拇指和食指夹持材料，并用中指托着，使材料略高出食指、拇指，左肘关节靠在桌沿，以避免手臂及手腕摇动，并使材料的切面保持水平。右手执切片刀（或刀片），刀口向内并使刀刃与材料的切面平行，移动右臂使刀锋自左前方向右后方切削，切出的薄片用毛笔轻轻从刀上扫下，放在盛有蒸馏水或 50%乙醇的培养皿中，即得。

（3）装片：徒手切片一般多不染色，而直接封藏在适宜的试剂，如水合氯醛液、稀丙三醇或显微化学试剂等中。取材方法是用毛笔选取上述已切好的完整、清晰的薄片，放于清洁的载玻片上，滴加所需试剂，盖上清洁的盖玻片即可观察。如果要制成半永久性标本片，可用稀丙三醇洗去水合氯醛液，然后封藏在熔化了的丙三醇明胶中。

【实验结果】

图 2-1 所示为番茄根的横截面示意图。

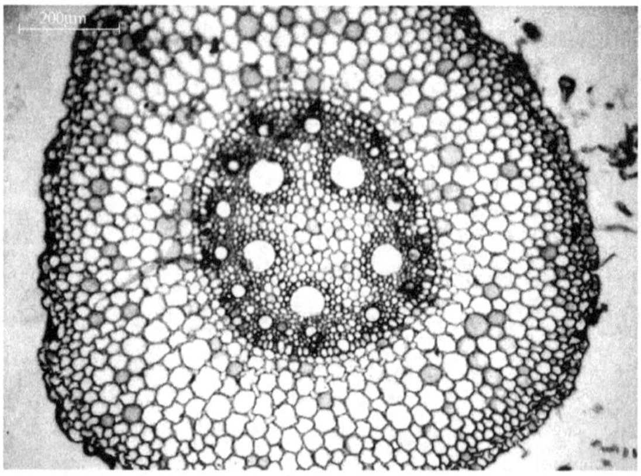

图 2-1 番茄根横截面

【注意事项】

（1）切片时食指略高于拇指和中指，在外方，其他两指在内方，靠近身体。食指上下移动可控制刀片切削材料的厚度。

（2）切的时候刀口轻轻抵住材料，刀片由食指顶端托着，可靠在食指顶端控制切片的厚度。然后迅速拉动刀片（左前往右后方拉动）。要求：切片薄，且尽可能保持完整。

（3）在盖片进程中，常因不熟练或不注意而在玻片中留下气泡，可用解剖针将盖玻片一侧挑起，再轻轻放下，以去除气泡。

Ⅱ．永久制片法

【实验用品】

器具：双面刀片、镊子。

试剂：FAA 固定液（50%乙醇、5%冰乙酸和3.7%的甲醛混合）、二甲苯、蜡、甲苯胺蓝、中性树脂。

材料：植物的茎、根、树皮等材料。

【实验方法和步骤】

（1）样本固定：取样本放入 FAA 固定液中固定 1 天。组织（如植物叶片、茎等组织）如果漂在固定液上面，应采用抽气的办法使组织沉于液体底部。

（2）逐级脱水：30%乙醇、50%乙醇、70%乙醇、85%乙醇、95%乙醇逐级脱水，每级 1h。再无水乙醇脱水两级，每级 1h。

（3）透明：50%的二甲苯、纯二甲苯两级，每级浸 1h。

（4）浸蜡：50%蜡（42℃）过夜，纯蜡（58℃）浸蜡两次。

（5）包埋：根据切片材料大小，确定所需纸盒的尺寸，用表面光滑的磅纸预先叠好纸盒。将已浸蜡的材料按照一定方向摆放好，包埋机上包埋。

（6）切片：修好蜡块后，用切片机切片（厚度约为 8μm）。42℃蒸馏水展开，用防脱载玻片黏片，放入 42℃恒温箱中烘片 2 天。

（7）脱蜡：纯二甲苯脱蜡两级，每级 10min。

（8）逐级复水：100%乙醇、100%乙醇、95%乙醇、85%乙醇、70%乙醇、50%乙醇、30%乙醇、纯蒸馏水、纯蒸馏水、每级 15min。

（9）染色：1%甲苯胺蓝水溶液里染色 30s。

（10）脱水：50%乙醇、70%乙醇、95%乙醇、100%乙醇，每级 1min。再纯二甲苯脱水两次，每次 15min。

（11）封片：将含材料的载玻片放在吸水纸上（切片一面向上），迅速在切片中央滴一滴树胶（必须在二甲苯干燥前进行），用右手持小镊子轻轻地夹住盖玻片的右侧，稍微倾斜使其左侧与封藏剂接触，然后再缓慢地放下，避免产生气泡。封片后烘片，观察拍照。

【实验结果】

图 2-2 所示为番茄叶片的横截面示意图。

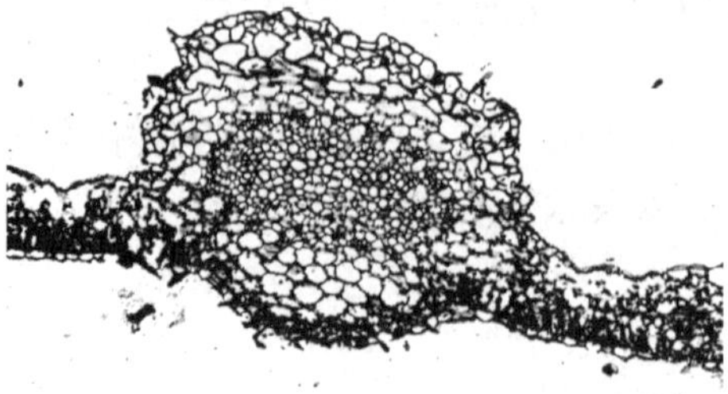

图 2-2 番茄叶片横截面

【注意事项】

1. 取材注意事项

（1）所取材料要新鲜，动作要迅速，以免挤压损坏组织；取病理材料时，应设置对照材料。

（2）所取材料大小要适当：根和茎一般直径≤5mm，切取成 5～10mm 小段；叶片一般取过中脉处，切成 2～5mm 宽、5～8mm 长。在切材料时，必须注意刀片与中轴呈直角，两切面平行，否则制成的切片细胞是斜的。雌、雄蕊一般不需分割。

（3）取材时间可根据切片要求有所区别。例如，在进行植物发育的研究过程中需要找到细胞分裂象，一般在晴天的早晨 9：00～10：00 取材，此时植物细胞分裂活动较明显。

（4）取材不易过老，否则制片有难度（过老的材料须在滑走切片机上进行切片）；对纵切的材料适当多取材，如根尖、茎尖等，因为切到材料正中的概率较低。

2. 固定注意事项

将已切好的材料迅速浸入相当于材料 10～15 倍体积的固定液中，借助固定液的作用，使细胞的新陈代谢瞬时停止，并保持细胞或组织的形态构造及其内含物的状态不发生变化，达到使组织变硬便于切片、增强内含物的折光度、令细胞易于着色的目的，同时具有防腐作用。以新鲜配制固定液效果较好。固定的时间依材料的种类、性质、大小等而定。材料固定完毕，保存于加盖的容器内，贴上标签。

常用混合固定液有下列几种。

（1）FAA 固定液（福尔马林-冰乙酸-乙醇）广泛适用于根、茎、叶、花药、子房的组织切片，所以又称为万能固定液，一般固定时间不低于 24h。该固定液的优点是在较低温度下（10℃左右）适用于材料的长期保存，可兼作保存液；固定的材料不妨碍染色，但用于细胞学上的固定效果较差。

（2）纳瓦兴（Navaschjn's）固定液于 1912 年首创，适用于细胞学与组织学研究的切片观察，但渗透慢，不能长期保存，主要用于显示细胞分裂象。

3. 脱水时的注意事项

（1）脱水应在带盖的容器（如青霉素小瓶）中进行，要防止空气中的水分进入脱水剂。

（2）在更换脱水剂时，应防止样品在移动过程中受挤压和任何损伤。

（3）脱水到高浓度脱水剂中，在更换液体时，应防止样品自然干燥，因为脱水剂易挥发，会造成样品自然干燥。

（4）脱水一定要彻底，否则样品不易透明，最终造成透蜡不完全，切片失败。

4. 透明的注意事项

（1）透明过程中要及时盖好容器的盖子，防止空气中的水分进入透明剂。

（2）在更换每级液体时动作要快，这样既可防止样品自然干燥，也可减少周围空气中的水分进入。

（3）如果加入透明剂，变成不透明的雾状，说明样品脱水不彻底，应退回到纯乙醇中重新脱水，然后再进行透明处理。

5. 贴片的注意事项

贴片是用黏片剂把切片平铺贴在载玻片上，以便于染色和观察。

常用的黏片剂有下列两种。

（1）明胶黏片剂：先将 1g 明胶溶解于 30℃ 100ml 的蒸馏水中，然后加入 2g 苯酚和 15ml 丙三醇混合均匀，趁热过滤后储存于玻璃瓶中备用。

（2）蛋清黏片剂：将新鲜蛋清（不能混入蛋黄）放入小烧杯内，用玻璃棒打成雪花状泡沫，置片刻过滤到量筒内，再加入等量丙三醇混匀；然后加入防腐剂，盛于小瓶中封好口，40℃保存可使用几个月至半年。

6. 浸蜡的注意事项

浸蜡是指逐步清除材料中的透明剂，以使石蜡充分渗透于材料内部的过程，这样，材料的各部分都能保持原来的结构与位置，切片不致发生破裂或其他变形。

浸蜡是一个渐进的过程，每次浸蜡的时间视材料大小进行调节。

【作业】

（1）固定的作用是什么？

（2）FAA 固定液和纳瓦兴固定液各有什么优缺点？

（3）仔细观察并绘制组织的图片。

实验三　荧光显微镜的原理、结构及使用方法

【实验目的】

（1）了解荧光显微镜的基本原理和基本结构。

（2）初步掌握荧光显微镜的调节步骤和使用。

【实验原理】

某些物质在一定短波长光（如紫外线）的照射下会吸收光能进入激发态，当从激发态回到基态时，能在极短的时间内放射出比照射光波长更长的光（如可见光），这种光称为荧光。若停止供能，荧光现象立即停止。

荧光显微镜（fluorescence microscope）是一种较为常用的光学显微镜，其基本原理是利用一定波长的激发光对样品进行激发，使之产生一定波长的荧光，从而用于对样品结构或其组分进行定性、定位、定量观察、检测。

与普通光学显微镜一样，荧光显微镜也有目镜、物镜、调焦装置、镜台等组成部分。不同的是，荧光显微镜增加了激发光源和滤色镜系统，它投射到样品上的不是普通的可见光而是特定波长的激发光（图 3-1）。在激发光的作用下，样品中的荧光物质产生发射光（荧光）。因此，荧光显微镜观察到的是样品中能产生荧光的部分所呈现的荧光影像，普通光学显微镜观察到的则是整个样品的可见光透射和折射影像。

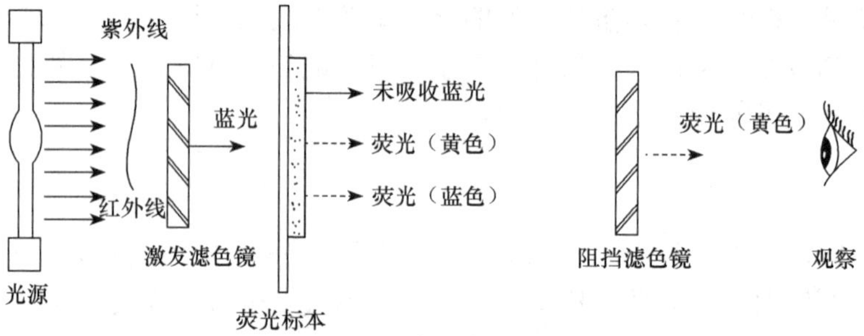

图 3-1　荧光显微镜光学原理图

1. 荧光的性质

（1）每一种物质都有它特定的荧光光谱。

（2）与激发光的方向无关，荧光向空间各个方向发射。

（3）荧光波长大于激发波长。

（4）荧光强度极小于激发光强度。

（5）有不同程度的衰减。

（6）荧光强度取决于激发光强度、被检物浓度、荧光效率。

2. 荧光染色分类

（1）自发荧光（不加染色）。有些物质不加染色也能发出荧光（自发荧光或原发荧光），但在医学和生物学领域中，只有很少物质具有自发荧光。

（2）二次荧光（用化学染色）。非荧光性的物质（蛋白质、碳水化合物）用荧光色素染色，由荧光色素产生荧光（二次荧光）以便进行观察。对特定物体选择合适的荧光色素，该物体就能与周围的组织或细胞区别而被观察到。

（3）抗体荧光技术（用免疫染色）。利用特定的抗原必然与特定的抗体相结合这一个事实，有意识地使带荧光标记的抗体和标本中的抗原进行抗原/抗体反应，这样两者的结合体就能通过抗体的荧光观察到。

3. 荧光显微镜的优点和用途

优点：检出能力强（放大作用）、对细胞的刺激小（可以活体染色）、能进行多重染色。

用途：可对物体结构或其组分进行定性、定位、定量观察与检测。

【实验用品】

器具：荧光显微镜、镊子、解剖刀、擦镜纸、载玻片、盖玻片。

试剂：0.01% 吖啶橙染色液。

材料：水葫芦叶片。

【实验方法和步骤】

1. 荧光显微镜的结构

荧光显微镜是在普通光学显微镜的基础上加上荧光光源、激发滤片、二向色镜和阻断滤片等组成的。荧光显微镜有透射式和落射式两种。落射式荧光显微镜的主要部件有汞灯光源、激发滤色镜（激发波长选择）、分光镜（反射激发光、荧光透过）和吸收滤色镜（荧光透过、阻挡杂光）（图 3-2）。

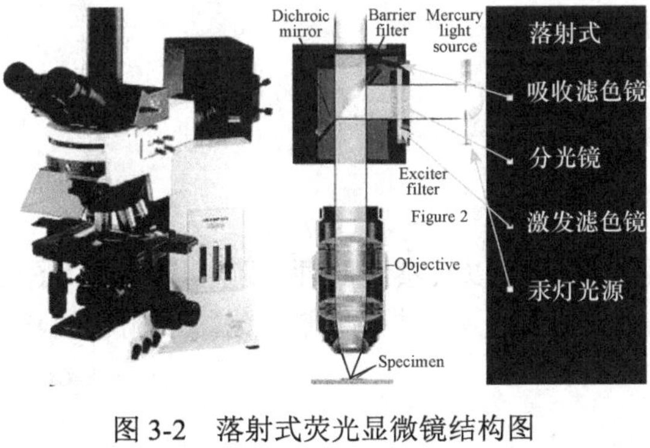

图 3-2　落射式荧光显微镜结构图

荧光激发块是荧光显微镜中用来激发荧光标本和观察荧光的核心部件，它实际是滤色片的组合，一般含有 3 种滤色片。

（1）激发滤色片（exciter filter）：选择透过某个波段的光，来激发荧光染料。

（2）分色镜（dichroic mirror）：反射激发光，透过荧光，一般激发光波长短，而发射光波长较长。

（3）发射滤色片（barrier filter）：又称为阻断或压制滤色片，透过发射光，也就是我们看到的“荧光”。它的作用有两个：一是吸收和阻挡激发光进入目镜、以免干扰荧光和损伤眼睛；二是选择并让特异的荧光透过，表现出专一的荧光色彩。两种滤色片必须选择配合使用。

2. 荧光显微镜的使用

使用荧光显微镜时，一般先用普通的显微镜主机低压光源观察样品，确定了观察的部位后，再切换至激发光光源观察荧光，如果配有照相装置还可进行显微摄影。

（1）插上主机电源和荧光电源插座，接通电源，按压稳压器按钮，使汞灯点亮进行预热。

（2）拉上挡光板，将滤片转换拨杆拨至相应的标志位。一般滤片转换拨杆上有 5 个定位标志：U、V、B、G、O，分别代表不同的荧光激发方法及其不同的滤色镜系统组合。调至“O”，打开显微镜主机光源。

（3）把载玻片放到镜台上，调节粗微调手轮，将标本像调焦清晰，采用不同倍率进行观察。

（4）关上主机光源，将滤片转换拨杆调至合适的标志位，使荧光标本所需要的激发滤色镜组转入光路，拉开挡光板，微调手轮调焦，直至看到清晰的荧光图像。

（5）取出载玻片，关闭汞灯光源开关，取下主机电源和荧光电源插座。

3. 简易荧光标本的制作与观察

用镊子撕取水葫芦叶片表皮（带绿色）或用手术刀刮取水葫芦叶片横截面细胞置于载玻片上，滴加 1～2 滴蒸馏水或 0.01% 吖啶橙染液 5min，加盖玻片后于荧光显微镜下观察叶肉细胞和保卫细胞中的叶绿体。

（1）普通光镜观察；

（2）自发荧光观察和二次荧光观察。

【实验结果】

（1）在普通光学显微镜下可以观察到两种细胞（图 3-3、图 3-4）。①保卫细胞：为构成气孔的成对存在的肾形细胞。②叶肉细胞：为排成栅状的长方形和椭圆形细胞，叶绿体呈绿色橄榄形。

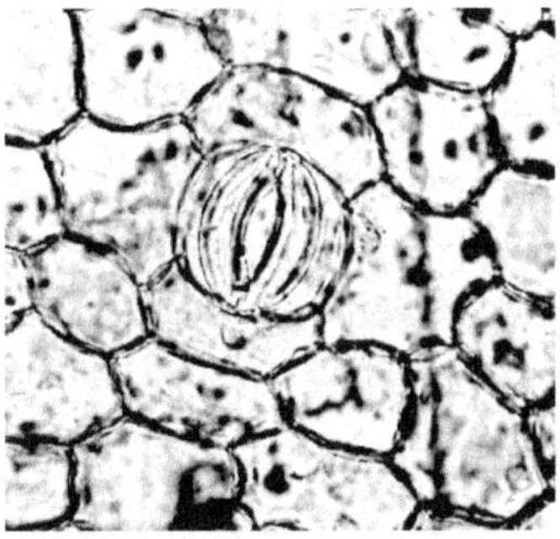

图 3-3 水葫芦叶片保卫细胞

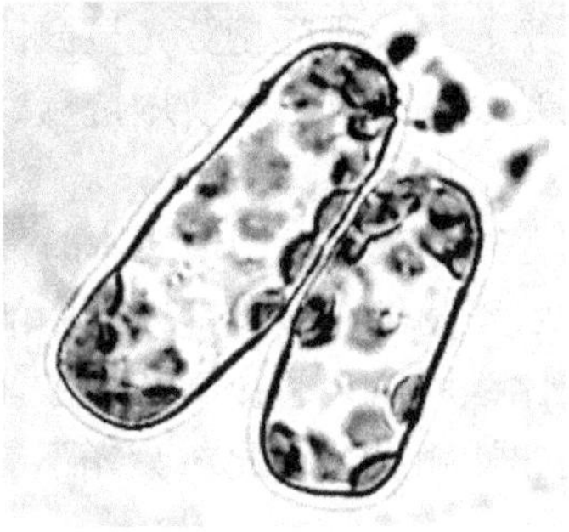

图 3-4 水葫芦叶片叶肉细胞

（2）在荧光显微镜下，叶绿体发出火红色自发荧光（图3-5），气孔两个保卫细胞内的火红色叶绿体环绕气孔排列成一圈，细胞壁和细胞核发绿色荧光。表皮细胞内的叶绿体数量要比叶肉细胞少。用吖啶橙染色后，叶绿体发出橘红色的二次荧光（图 3-6）。

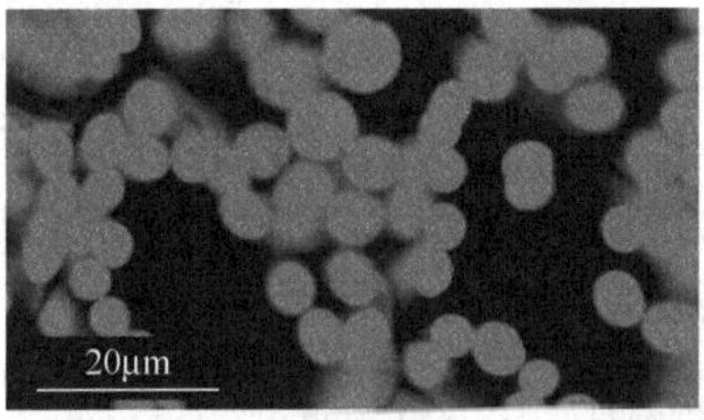

图 3-5 叶绿体的自发荧光（图版 I-1）

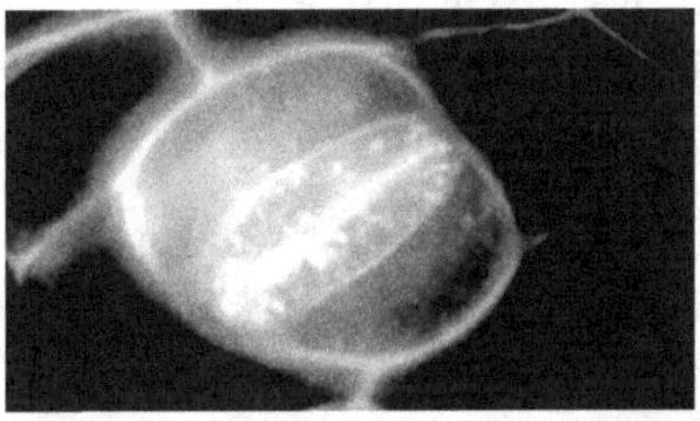

图 3-6 叶绿体的二次荧光（图版 I-2）

【注意事项】

（1）应在暗室中进行观察。进入暗室后，接上电源，开启高压汞灯5～15min，待光源发出的强光稳定、眼睛完全适应暗室后，再开始观察标本。观察对象必须是可自发荧光或已被荧光染料染色的标本。

（2）荧光显微镜光源寿命有限，启动高压汞灯后，不得在 15min 内将其关闭，一经关闭，必须待汞灯冷却后方可再开启。严禁频繁开闭，否则，会大大降低汞灯的寿命。

（3）检查时间以一次 1～2h 为宜，如果超过 90min，高压汞灯发光强度会逐渐下降，荧光减弱；标本受激发光照射 3～5min 后，标本荧光也会明显减弱。因此在使用荧光与可见光转换观察或暂停观察时，应拉动挡光板阻挡激发光源。

（4）高压汞灯达到最大发光效率后，灯箱会发烫，操作时注意避免烫伤。

（5）观察、记录。荧光显微镜摄影技术对记录荧光图像十分必要，由于荧光很容易减弱使图像褪色，要即时摄影记录结果。方法与普通显微摄影技术基本相同，只是需要采用高速感光胶片，如 ASA200 以上。因紫外线对荧光猝灭作用大（如 FITC 的标记物，在紫外线下照射 30s，荧光亮度降低 50%），如果曝光速率太慢，就不能将荧光图像拍摄下来。一般研究型荧光显微镜都有全自动显微摄影系统装置。

防荧光衰减的方法：使用抗衰减剂，选择衰减小的荧光素，降低激发光强度，降低标本中氧的浓度。

（6）在制作荧光显微镜标本时最好使用无荧光载玻片、盖玻片和无荧光油。

（7）由于图像在显微镜视野中的荧光亮度与物镜镜口率的平方成正比，而与其放大倍数成反比，所以为了提高荧光图像的亮度，应使用镜口率大的物镜，尤其在高倍放大时其影响非常明显。因此对荧光不够强的标本，应使用镜口率大的物镜，配合以尽可能低的目镜。

（8）选择合适的荧光组件，以观察叶绿体发出火红色自发荧光为例进行说明。

目前，荧光显微镜激发滤色片一般会选 U（ultraviolet）、B（blue）和 G（green）三种，而阻挡滤色片（发射滤色片、吸收滤色片）则根据其带宽的不同有多种选择。目前，OLYMPUS 常见的 U、B 和 G 荧光组件有两套，即 OLYMPUS BX2 系列的 U-MWU2、U-MWB2、U-MWG2（图 3-7）和 OLYMPUS BX3 系列的 U-FUW、U-FBWA、U-FGWA（图 3-9）。

通常选用 B 激发滤片来观察叶绿体发出火红色自发荧光，但由于阻挡滤色片（又称为发射滤色片、吸收滤色片）的带宽不一样，同样是用 B 激发，有的荧光组件就能看到叶绿体发出火红色自发荧光（图 3-8），而有的就不能（图 3-10）。因此，在选择荧光组件时除了要注意激发滤片的选择外，还要注意阻挡滤色片的选择。

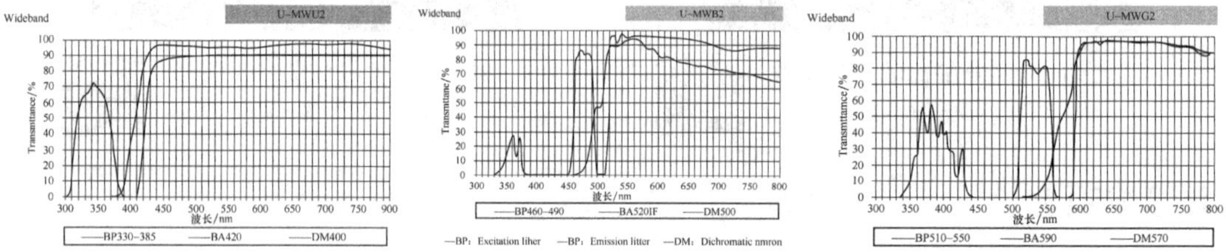

U-MWU2　　U-MWB2　　U-MWG2

图 3-7　OLYMPUS BX2 系列三种荧光激发块光谱图
（图版 I-4～I-6）

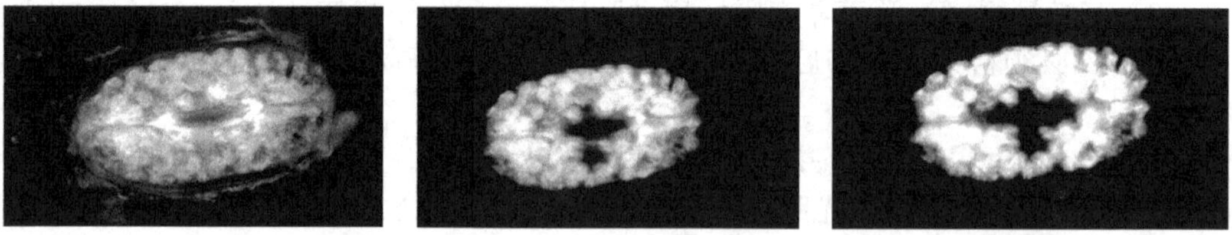

U-MWU2　　U-MWB2　　U-MWG2

图 3-8　OLYMPUS BX2 系列三种荧光激发块观察到的
叶表皮气孔叶绿体自发荧光（图版 I-7～I-9）

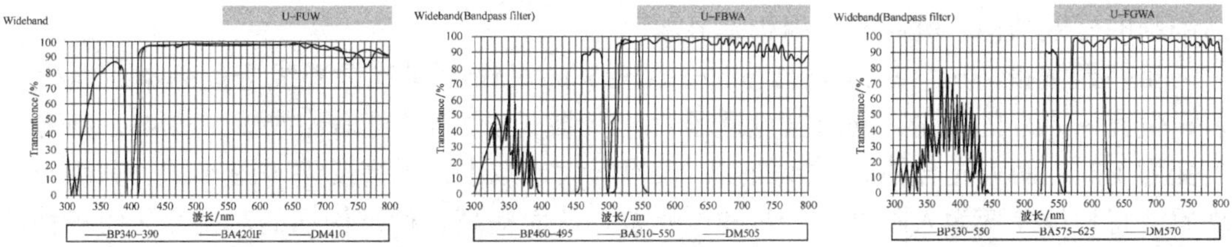

U-FUW　　U-FBWA　　U-FGWA

图 3-9　OLYMPUS BX3 系列三种荧光激发块光谱图
（图版 I-10～I-12）

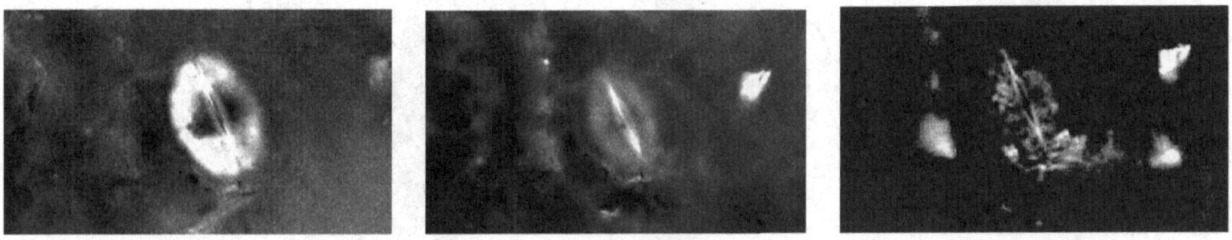

U-FUW　　U-FBWA　　U-FGWA

图 3-10　OLYMPUS BX3 系列三种荧光激发块观察到的
叶表皮气孔叶绿体自发荧光（图版 I-13～I-15）

【作业】

（1）影响荧光显微镜成像质量的因素有哪些?

（2）普通光学显微镜与荧光显微镜有何异同点?

附：试剂的配制

（1）0.01% 吖啶橙。称取 0.1g 吖啶橙加蒸馏水稀释至 100ml 获得 0.1% 吖啶橙原液。取 0.1% 吖啶橙原液用 0.1mol/L pH7.0 PBS 溶液稀释 10 倍即为 0.01% 吖啶橙染液（临用时配制）。

（2）0.1mol/L pH7.0 PBS 溶液。A 液：$NaH_2PO_4 \cdot H_2O$ 2.76g，加蒸馏水至 100ml；B 液：$Na_2HPO_4 \cdot 7H_2O$ 5.36g，加蒸馏水至 100ml；取 A 液 16.5ml＋B 液 33.5ml＋NaCl 8.5g，用蒸馏水稀释至 100ml。

实验四　相差显微镜的原理、结构及使用方法

【实验目的】

（1）了解相差显微镜的构成和原理。

（2）初步掌握相差显微镜的调节步骤和使用。

【实验原理】

人眼只能区分光波的波长（颜色）和振幅（亮度），对于活细胞或未经染色的无色标本，当光线通过时，波长和振幅变化不大，在明场观察时很难观察到标本。为了观察

活细胞的显微结构，就需要使用相差显微镜。

相差显微镜（phase contrast microscope）的工作原理就是光线透过标本后发生折射，偏离了原来的光路，同时被延迟了 1/4λ（波长），如果再增加或减少 1/4λ，则光程差变为 1/2λ，两束光合轴后干涉加强，振幅增大或减小，提高反差（图 4-1）。利用干涉现象，将相位差变为人眼可以分辨的振幅差，从而提高各种结构间的对比度，使各种结构变得清晰可见。1942 年制造了第一台相差显微镜，由于此项发明，荷兰科学家泽尔尼克（Frits Frederik Zernike，1888～1966 年）于 1953 年获诺贝尔物理学奖。

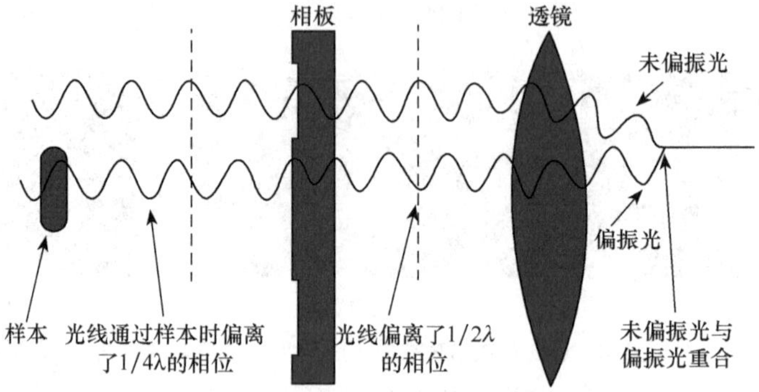

图 4-1 相差显微镜光学原理图

在构造上，相差显微镜有两个特殊之处不同于普通光学显微镜。

（1）环形光阑（annular diaphragm）：位于光源与聚光器之间，作用是使透过聚光器的光线形成空心光锥，焦聚到标本上。装在聚光镜的下方，而与聚光镜组合为一体，即相衬聚光镜。它是由大小不同的环形光阑装在一个圆盘内，外面标有 10×、20×、40×、100×等字样，与相对应倍数的物镜配合使用（图 4-2）。

图 4-2 相差附件

（2）相位板（annular phase plate）：在物镜中加了涂有氟化镁的相位板，可将直射光或衍射光的相位推迟 1/4λ，分为以下两种。

A 相板：将直射光推迟 1/4λ，两组光波合轴后光波相加，振幅加大，标本结构比周围介质更加变亮，形成亮反差（或称为负反差）。

B 相板：将衍射光推迟 1/4λ，两组光线合轴后光波相减，振幅变小，形成暗反差（或称为正反差），结构比周围介质更加变暗。

有相板的物镜称为“相衬物镜”，外壳上常有“Ph”字样。

此外，相差显微镜还配备了以下两个附件，以便更好地调节和使用。

（1）合轴调节望远镜（图 4-2）的目的是：使环状光阑的像与相板共轭面完全吻合，实现对直射光和衍射光的特殊处理。否则应吸收的直射光被泄掉，而不该吸收的衍射光被吸收，应推迟的相位有的不能被推迟，这样就不能达到相差镜检的效果。

由于环状光阑是通过转盘聚光器与物镜相匹配的，因而环状光阑与相板常不同轴。为此，相差显微镜配备有一个合轴调节望远镜（在镜的外壳上标有“CT”符号）用于合轴调节。

（2）绿色滤色片：由于使用的照明光线的波长不同，常引起相位变化。为了获得良好的相差效果，相差显微镜要求使用波长范围比较窄的单色光，通常用绿色滤色片来调整光源的波长。

相差显微镜的优点：是鉴定活体细胞最实用、最经济的方法。

相差显微镜的缺点：需要光强高，切片不能太厚（5～10μm），盖片、载片需符合标准，最好配用单色滤色镜，操作较麻烦，荧光效果不如明场物镜。

相差显微镜的应用：无色透明活体标本的细微结构，检查、鉴定活体细胞（培养细胞、分离细胞）。

【实验用品】

器具：相差显微镜、镊子、牙签、擦镜纸、载玻片、盖玻片。

试剂：生理盐水（0.9%氯化钠溶液）。

材料：口腔上皮细胞。

【实验方法和步骤】

1. 相差显微镜的调节与使用

（1）相差附件的安装。取下普通显微镜的聚光器，换上带有环状光阑的转盘聚光器（图 4-2），并将标示孔指向“0”（明视野）；取下普通物镜，装上相差物镜。

（2）调焦和调光。用普通低倍物镜在明视野中观察，当发现目标后，把目标物移到视野的中央。观察透明物体时要缩小光阑，当用相差物镜在明视野对好焦点后，换上相应的环状光阑。例如，10×相差物镜用 10×标示孔的光阑，并充分开大孔径光阑。

（3）中心调节（合轴调节）（图 4-3）。拔出目镜，插入中心望远镜，用左手固定其外筒，一边眼看望远镜，一边用右手转动望远镜内筒使其升降，对准焦点后就能看到环状光阑的亮环和相板的黑环。此时可将望远镜固定，微微转动聚光器两侧的调节钮，使两者完全重合。如果亮环和黑环大小不一致，可升降聚光器使一致，如果升降聚光器仍不能使亮环和黑环一致，那就是载玻片、盖玻片过厚的缘故。换用不同物镜要同时更换相对应的环状光阑，并重新合轴。合轴完成后，换回目镜。

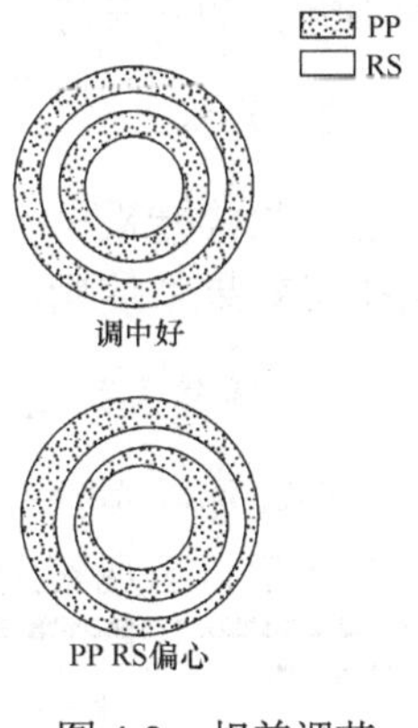

图 4-3　相差调节

（4）加上绿色滤色片观察。

2. 口腔上皮细胞、洋葱内表皮细胞的相差显微镜观察

用牙签和镊子，分别取口腔上皮细胞、洋葱内表皮细胞一小块放在载玻片上，滴上生理盐水，制片观察。

【实验结果】

在相差显微镜下可见折射率较高的大的球形细胞核，内含折射率更高的小颗粒核仁。在细胞核周围还可见到许多暗白的小颗粒，即线粒体。细胞质中还有许多大小不等明亮的细胞质颗粒。

【注意事项】

换用不同物镜时要同时更换相对应的环状光阑，并重新合轴。

【作业】

（1）简述相差显微镜与普通光学显微镜的差别。

（2）描述口腔上皮细胞、洋葱内表皮细胞的形态特点。

实验五　数码显微摄影技术

【实验目的】

掌握数码显微摄影的基本方法和技术。

【实验用品】

各种切片或装片，实物标本，数码显微镜。

【实验方法和步骤】

显微摄影就是借助于显微镜来拍摄显微镜下观察到的显微图像。虽然各式显微镜结构不同，功能各异，但只要掌握了基本原则，拍摄的方法大同小异。

1. 开机

显微镜开机后，打开计算机电源开关和数码相机电源开关。荧光显微镜为获得良好的拍摄效果常使用冷 CCD 数码相机拍照。

2. 调试显微镜，进行观察

将玻片或实物材料放置在镜台合适位置处，调试光源强度，选择需要拍摄的标本位置调焦距直至观察到清晰的图像。实体显微镜因为实物较大，可以在拍摄位置的边缘放一标尺以便记录实物的大小。

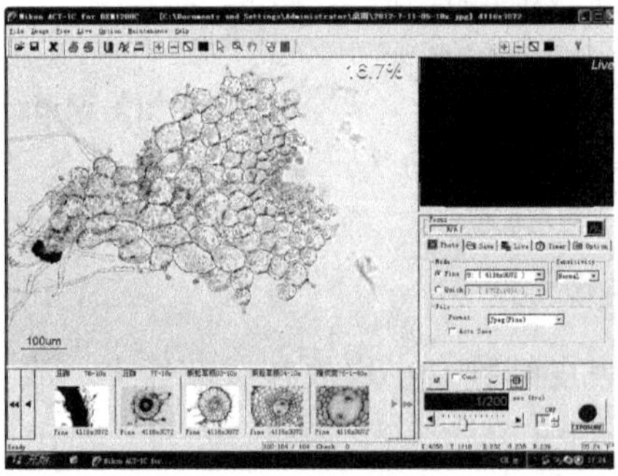

图 5-1　Nikon DXM1200C 数码显微摄影主界面

3. 调试数码相机拍摄照片

（1）在显微镜取景框中对好视野及焦距。

（2）打开计算机中装载的软件程序。

（3）启动程序后，进入软件界面，点击相机控制窗口按钮（一般为一个传统胶片单反相机图形），调出拍摄界面窗口，进入实时拍摄界面（图 5-1）。

（4）选择拍摄参数。①模式设置：有黑白和 RGB 彩色模式供选择。②拍摄用途设置：有明场拍摄、荧光拍摄等。③焦距设置：点击开启焦距指示模式，会有合焦指示出现，一般为两条颜色醒目的指示线，两条线越靠近，说明焦距越重合。注意，焦距指示线只是表示现在的焦距重合状态，并不能自动调焦，如果不合焦，需要重新调节显微镜的焦距，这时，焦距指示线会有变化。④分辨率选择：为了保证图片质量，在方便存储的前提下，尽量选择高分辨率，以便在后期处理图片时有更大的余地。⑤白平衡选择：一般选择自动白平衡。软件处理时，有白平衡选项，可以选择自动白平衡和手动白平衡，设定所摄图片用光的色温情况，获得合适而真实的色彩还原。荧光显微镜拍摄荧光时注意应该选择黑平衡校正，因为镜下荧光一般很微弱，黑平衡使荧光图片背景更黑而荧光更清晰。调校黑白平衡时只需轻松点击工具栏上的按钮，然后点击图像上的白色、黑色部分，便可完成校正。⑥曝光模式等设置选择：设置曝光模式、曝光时间、曝光补偿、感光度等。

需要说明的是，现在的数码摄像软件开发了很多功能，可以调校的参数很多，但有些参数，如亮度/对比度、锐化 Gamma 值、色饱和度等，完全可以在后期处理时调校，而且可能更优化，所以不提倡前期调校。

（5）图像摄取：点拍摄按钮拍摄。荧光摄影要注意选择激发块。

（6）继续拍摄下一张照片。

（7）拍摄十多张照片后要及时保存照片。保存照片时要选择储存信息量较大的 TIFF 格式，不要选择 JPEG 格式，以便日后加工处理。

（8）拍摄全部完成后保存所拍摄的照片。

（9）拍摄结束后关闭相机控制按钮、计算机和显微镜，并保存拍摄条件到默认值。

【注意事项】

要拍摄到一张好的显微摄影图片，除了显微镜及摄影设备的成像质量等硬件设备外，还应该注意以下几点。

1. 聚光器和光源灯的调中

显微摄影通常采用中心亮视野透射照明法，摄影前要把聚光器和光源灯调中，使聚光器中心与视场光阑的中心处于同一光轴上。光源灯的灯丝照明于视野中心。

聚光器的调中步骤：

（1）转动聚光器升降旋钮使聚光器升至顶点位置；

（2）接通光源灯的电源开关；

（3）将被摄的制片标本放在镜台上，用 4×或 10×低倍镜聚焦在样品上；

（4）缩小镜座上的视场光阑，在视野中可见边缘模糊的视场光阑图像；

（5）微降聚光器，至视场光阑的图像清晰聚焦止；

（6）用聚光器两个调节螺杆推动聚光器，使缩小的视场光阑图像调至视野中心；

（7）开放视场光阑，使多角形的周边与视野边缘完全重合；

（8）反复缩放视场光阑数次，确认光阑中心和边缘与视野完全重合；

（9）使聚光器回复顶点位置。

光源灯调中方法可采用以下方法。

在视场光阑上面的滤色镜座上放一块毛玻璃，用以观察灯丝位置，转动光源灯位置，使灯丝位于视场光阑中心，然后固定光源灯。

2. 视场光阑对中调节

用 10 倍物镜对标本对焦后，关小视场光阑，通过聚光器调焦手轮上下找到视场光阑的清晰像，用左、右两只视场光阑对中螺钉使视场光阑的像在视场中居中。再转到 40 倍物镜，同样对标本调焦，找到视场光阑的清晰像，然后逐渐开大视场光阑，并调节对中螺钉使其八边与视场边缘内接为止。

3. 调节视场光阑和孔径光阑

（1）视场光阑的调节。视场光阑位于镜座之中，其作用：一是根据物镜的倍率给予不同直径的光束面积；二是在显微摄影时起着增减影像反差的作用。

当光扩大到一定程度，照射到标本上的光即会有反射与不规则的散射，造成影像反差的损失。

当视场光阑收缩到取景框边缘外的时候，摄影图像的反差就会改进。

如果视场光阑收缩得过于接近取景框，图像的四角将被切去。因此，视场光阑应比取景框稍大些。

（2）孔径光阑的调节。安装在聚光镜中的光阑称为孔径光阑。它的作用是使图像的分辨率、反差和焦深处在最佳状态。通过转动孔径光阑调节环来改变孔径光阑的大小。如果孔径光阑缩小，亮度和分辨率将会降低，而反差与景深则会增加。相反，如果开大孔径光阑，亮度和分辨率将会增加，反差和景深则会降低（图 5-2）。通常，为获得具有适当反差的理想图像，可将孔径调到物镜数值孔径的 70%～80%（图 5-3）。

举例：使用SPlanApo20×平场复消色差物镜和NFK2.5×目镜

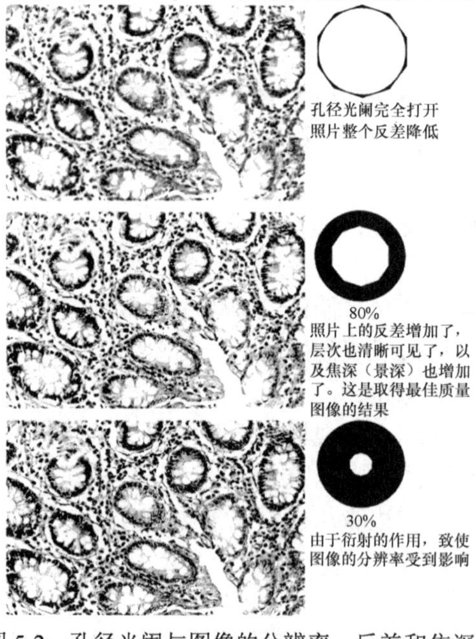

图 5-2 孔径光阑与图像的分辨率、反差和焦深的关系

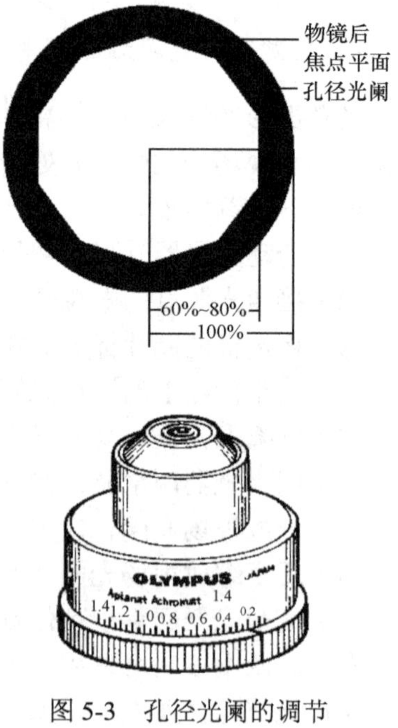

图 5-3 孔径光阑的调节

【作业】

（1）显微摄影时如何进行孔径光阑和视场光阑的调节？

（2）显微摄影时应掌握哪些关键步骤？

（3）如何才能得到一张好显微数码照片？

附：DP70 显微镜数码相机照相图像记录操作步骤

明场观察
↓
启动 DP 管理器
↓
启动 DP 控制器
↓
调节显微镜
↓
显示预览图像
↓
设置曝光时间
↓
选择曝光模式（自动 OR 手动）
↓
设置曝光时间
↓
选择测光区域（30%、1%、0.1%）
↓
进行构图和聚焦
↓
调节白平衡
↓
记录图像
↓
选择 DP 管理器
↓
进行变焦和卷轴
↓
储存图像

荧光观察
↓
启动 DP 管理器
↓
启动 DP 控制器
↓
调节显微镜
↓
显示预览图像
↓
设置曝光时间
↓
选择曝光模式（SFL 自动 OR 手动）
↓
设置曝光时间
↓
选择测光区域（30%、1%、0.1%）
↓
进行构图和聚焦
↓
调节黑平衡
↓
记录图像
↓
选择 DP 管理器
↓
进行变焦和卷轴
↓
储存图像

实验六 流式细胞仪的原理、结构及使用方法

一、流式细胞仪简介

流式细胞术（flow cytometry）是一种利用细胞与分子生物学、克隆抗体技术、荧光化学、激光技术、流体力学、计算机学等技术对单细胞或其他生物粒子的物理、化学性质进行分析或分选的检测技术。流式细胞仪（flow cytometer）是利用流式细胞术对细胞进行分析与分选的仪器。它具有速度快、精度高、准确性好等优点。目前，BD 公司（美国）的流式细胞仪占有大部分国内市场，近年来国产流式细胞仪的公司也开始崭露头角（如艾森生物公司等）。

二、流式细胞仪的结构与原理

流式细胞仪根据其功能主要分为分析型和分选型两种。分析型流式细胞仪主要由液流系统、光路系统、检测分析系统组成。分析型流式细胞仪只能用于细胞分析，细胞样品经流式细胞仪分析后，最终进入废液桶。分选型流式细胞仪在分析型的基础上，增加了分选系统。细胞经分析后，可将感兴趣的细胞从混合细胞中逐一纯化分离出来。

1. 液流系统

流式细胞仪的液流系统主要由鞘液流和样品流两部分组成。鞘液流从鞘液桶出发，在气压的作用下，液流经专门的管道进入流动室的喷嘴，经喷嘴的小孔形成稳定、可见的液流。样品流是含有样品细胞的液流，始于样品管，经专门的管道进入流动室的喷嘴处，然后与鞘液一起从喷嘴喷出，形成可见液流，经过激光系统分析后，最后经废液管进入废液桶。样品流与鞘液流在喷嘴处交汇，却彼此独立。

2. 光路系统

光路系统是由激光器，以及一系列的透镜、滤色片和小孔组成。激光器是流式细胞仪必要组成元件之一。每台仪器至少有一个激光器（488nm 蓝激光器），一些仪器配备其他激光器（红激光器、紫激光器、紫外激光器）。流式细胞仪对细胞的分析是以被检测分析系统接收到的光信号为基础的。光信号包括散射光信号和荧光信号。其中散射光信号包括正对激光方向接收的前向角散射光（forward scatter，FSC）和与激光同平面 90°角的侧向角散射光（side scatter，SSC）。FSC 的光信号代表细胞大小。细胞越大，FSC 的光信号值就越强。SSC 的光信号代表细胞颗粒复杂程度。细胞颗粒越复杂，SSC 的光信号值就越强。荧光信号是与 SSC 混合在一起，是偶联在细胞上的荧光素经激光激发后发生电子跃迁而产生的不同波段的光。SSC 和荧光信号在一系列滤色片（表 6-1）的作用下，将不同波长的光分配到相应的通道中（图 6-1）。

表 6-1　滤色片的分类

滤色片种类	英文	功能
长通滤片	Long pass filter	波长大于特定波长的光可以通过，波长小于该波长的光被反射
短通滤片	Short pass filter	波长小于特定波长的光可以通过，波长大于该波长的光被反射
带通滤片	Band pass filter	波长在某特定范围的光可以通过，波长在该范围以外的光被反射

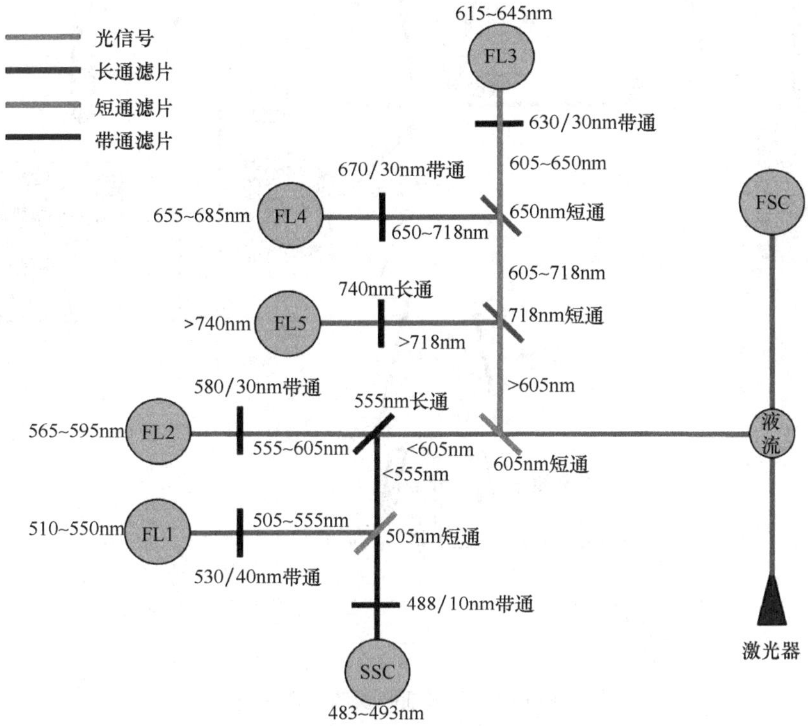

图 6-1　滤色片的工作原理

3. 检测分析系统

检测分析系统是以通道为单位，将各个通道（channel）的光信号汇总分析，最后得出样品群体中细胞的物理、化学特征。检测分析系统主要由光电倍增管（photomultiplier tuber，PMT）和计算机等组成。荧光信号在经过一系列滤光片的透射、反射作用后，进入各自的通道，其实就是进入各自的光电倍增管。光电倍增管起着将光信号转变为电子信号，并将信号放大，以及连接光路系统和计算机的作用。通道是流式细胞仪一个常用的名词，一台仪器通道的多少主要由激光器数目的多少决定，一般的蓝激光器通常有 4 个或 5 个荧光通道，红激光器有 2 个荧光通道；有的仪器配备有紫激光器和紫外激光器，该仪器可能存在十多个通道。通道的命名有两种方式，一种是 FL 命名，一种是以该通道主要的荧光素命名。例如，510～550nm 的通道可以命名为 FL1 或 FITC。

4. 分选系统

分选系统只存在于分选型流式细胞仪中。分选型流式细胞仪在喷嘴处有一个高速振荡器，在分选过程中喷嘴高速振荡，从而使液流在下段形成相互独立的液滴。经分析，对含有目的细胞的液滴进行充电，在偏转板电场的作用下，带电液滴发生偏转，进入收集管中，废液滴不发生偏转，直接进入废液槽中（图 6-2）。

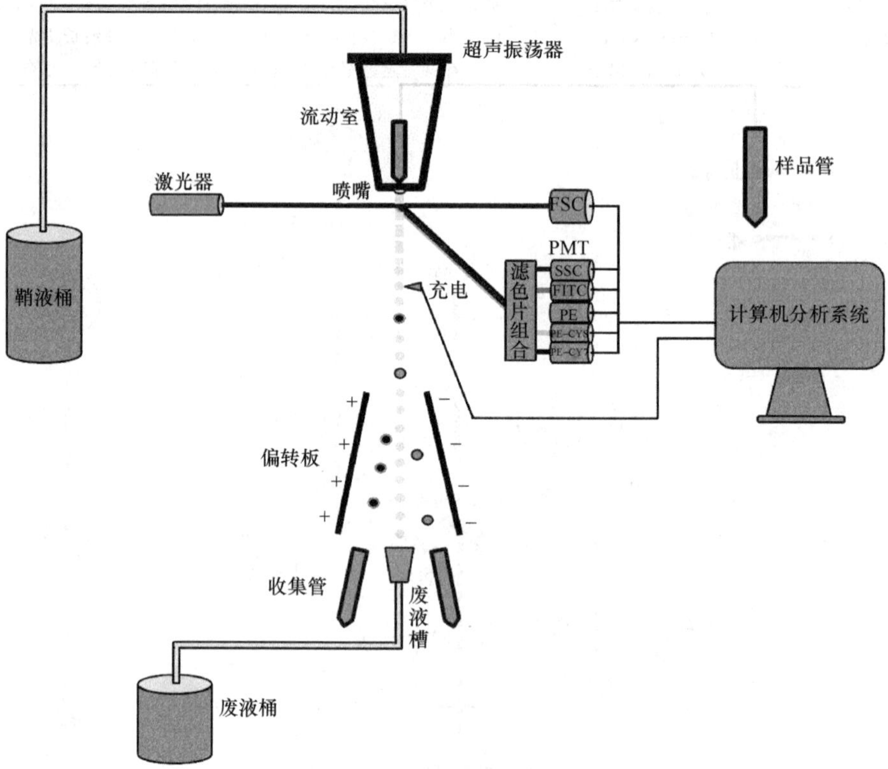

图 6-2 流式细胞仪的工作原理

三、荧光素与抗体

流式细胞仪是通过由激光激发细胞偶联的荧光物质而检测细胞化学性质的。一般将荧光素分为直接结合荧光素和间接结合荧光素。例如，碘化丙啶（Propidium，PI）、7-氨基放线菌素 D（7-aminoactinomycin D，7-AAD）、Hoechst 33342 等直接结合到核酸上，对细胞中的核酸进行分析；又如，CFSE 等直接结合到蛋白质上，分析细胞增殖。对于间接结合荧光素，荧光偶联抗体是最常见的方式。荧光素与抗体预先偶联在一起，再通过抗体与细胞表面的抗原特异性结合，从而使荧光素间接结合到细胞上（图 6-3），如 Anti-human CD34-PE-Cy7、Anti-mouse Sca-1-APC、Annexin V-FITC 等。常见的荧光素见表 6-2。

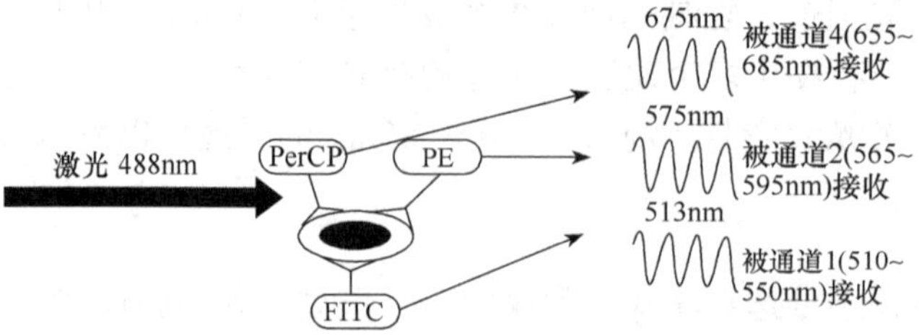

图 6-3 荧光偶联抗体与细胞结合的方式

表 6-2　常见的荧光素

荧光素	中文名	激发光波长/nm	发射光波长/nm	基本用途
FITC	异硫氰酸荧光素	488	525	抗原分子检测
PE	藻红蛋白	488	575	抗原分子检测
PE-Cy5	藻红蛋白-花青素 5	488	670	抗原分子检测
PE-Cy7	藻红蛋白-花青素 7	488	770	抗原分子检测
APC	别藻青蛋白	650	770	抗原分子检测
APC-Cy7	别藻青蛋白花青素 7	650	770	抗原分子检测
PI	碘化丙啶	488	620	DNA 分析/死亡标记
7-AAD	7-氨基放线菌素 D	488	655	DNA 分析/死亡标记
CFSE	琥珀酰亚胺酯	488	518	细胞增殖
Hoechst 33342	烟酸己可碱 33342	488	518	DNA 分析

四、样品制备

1. 细胞样品的制备

流式细胞仪只适用于单个细胞的分析或分选，因此应先将样品制成单细胞悬液。贴壁细胞需要用胰蛋白酶消化为单一细胞；实体组织，如心脏组织用胶原酶消化，经细胞筛过滤后用于分析。

2. 细胞固定与染色

绝大多数荧光素无法进入活细胞的细胞膜，要对细胞内物质，如 DNA 进行分析，要先对细胞进行固定。固定液一般用 70%冰乙醇或甲醛。为了分析细胞化学性质，需要对细胞染色（结合荧光素）。一般用多个荧光素共同对细胞进行染色，同时获得细胞多个参数。值得注意的是，同一通道的荧光素不能混用（如 7-AAD 不能与 PE-Cy5 的抗体混用）。

五、仪器使用

（1）打开电源，对系统进行预热。

（2）打开气体阈，调节压力，获得适宜的液流速率；开启光源冷却系统。

（3）在样品管中加入去离子水，冲洗液流的喷嘴系统。

（4）利用校准标准样品，调整仪器，使在激光功率、光电倍增管电压、放大器电路增益调定的基础上，0° 和 90° 散射的荧光强度最强，并要求变异系数为最小。

（5）选定流速、测量细胞数、测量参数等，在相同工作条件下测量样品和对照样品；同时选择计算机屏上数据的显示方式，直观掌握测量进程。

（6）样品测量完毕后，再用去离子水冲洗液流系统。

（7）因为实验数据已存入计算机硬盘（有的机器还备有光盘系统，存储量更大），所以可关闭气体、测量装置，而单独使用计算机进行数据处理。

（8）将所需结果打印出来。

在操作和使用中一定要注意如下事项。

（1）光电倍增管要求稳定的工作条件，暴露在较强的光线下以后，需要较长时间的“暗适应”以消除或降低部分暗电流本底才能工作。另外要注意磁屏蔽。

（2）光源不得在短时间内（一般要 1h 左右）关上又打开，使用光源必须预热并注意冷却系统工作是否正常。

（3）液流系统必须随时保持液流畅通，避免气泡栓塞，鞘流液在使用前要经过过滤、消毒。

（4）注意根据测量对象的变换选用合适的滤片系统、放大器的类型等。

（5）特别强调每次测量都需要对照组。

实验七　电子显微镜的原理、结构及演示

【实验目的】

（1）了解电子显微镜的工作原理和结构。

（2）观摩电子显微镜及超薄切片技术的演示。

（3）初步识别电子显微镜下动物、植物细胞中的各种亚显微结构。

【实验原理】

光学显微镜以可见光为照明源，采用玻璃透镜。电子显微镜利用高压加速电子束为照明源，轴对称电磁场为透镜，特称为电磁透镜。都是依赖透镜放大成像，但由于照明源的不同，光学显微镜和电子显微镜的成像机制有本质区别。光学显微镜的成像过程是样品对可见光的反射与吸收，整个过程在大气中进行。电子显微镜则是在高真空系统中，快速电子照射样品，入射电子要与样品物质中的原子结构发生碰撞作用，原子核与核外层电子都会对入射电子有碰撞而引起的散射，导致部分电子的运动方向和能量变化。样品中不同结构、不同区域密度不同，散射程度也不尽相同，所以穿过样品的出射束是不均匀的电子束，束内电子密度各处有差异，当其投射到荧光屏上就会形成描绘结构信息的可见光强度反差图像。因此，电子显微镜的成像机制是散射。

衡量显微镜性能优劣程度最主要的指标是分辨本领，即能够清楚地辨别物体细微结构的能力。分辨本领以能分清两点间的最小距离 δ 来度量，δ 越小能分清的物体细节越细微，分辨本领就越高。电子显微镜的分辨本领为 $\delta_{仪}=0.2nm$。

电子显微镜的结构主要由以下几部分构成。

1. 照明系统

电子枪：发射电子并加速电子束，是以阴极、栅极和阳极三极管式组成。
第一聚光镜：控制电子束束斑直径大小。
第二聚光镜：控制电子束强度，改变照明的强弱程度。
此系统的调节用于获得良好的照明束。

2. 样品室

样品移动机械装置：移动样品选择视场。
测角台：侧插式进样气锁装置，并用于控制样品与电子束的倾斜角。

3. 成像放大系统

物镜：形成第一幅高分辨率图像的透镜，物镜电流的变化主要用来聚焦图像。
中间镜：控制图像的放大倍率，调节中间镜电流可连续改变放大倍数。
投影镜：将最终放大图像投射到观察室荧光屏。

4. 观察记录系统

观察室：由铅玻璃窗围成的观察室内装有电子像转换成可见光反差的荧光屏。
照相装置：随时可把需要的图像拍照记录下来。

电子显微镜正常运行时，整个电子光学系统保证在高真空状态，观察者依靠电气调节操作观察。

【实验用品】

电子显微镜，超薄切片机，制刀机，动物、植物细胞的超薄切片，各种细胞亚显微结构照片。

【实验方法和步骤】

在透射电子显微镜生物样品的制备技术中，超薄切片技术是最重要、最基本的一种。目前应用的冷冻切片技术、电子显微镜细胞化学技术、电子显微镜放射自显影技术等都是以超薄切片技术为基础的。“超薄切片”是指使用超薄切片机切割样品，保证厚度在 0.1μm 以下的切片，最好为 60nm 左右。这样的超薄片才能保证电子束透过样品传递结构信息。良好的超薄切片应该是薄而均匀，没有皱折、刀痕、震颤等缺陷，尤其在制作过程的各个环节，要力求细胞微细结构保存良好，无人为假象，染色要适当，避免沉淀与污染且具有良好的反衬度。

超薄切片的制作步骤如下所述。

（1）取材。从生活状态的生物体中取得所需材料。为尽可能保持原生活状态的组织结构，必须操作准确、迅速，取样体积小，防损伤。

（2）固定。迅速终结细胞活性的过程称为固定，因此取材后要立即进行固定处理。

常用方法是化学固定法，固定液有锇酸、醛类、高锰酸钾等。

（3）脱水。这一步骤是把组织细胞中的游离水去掉，因为水分的存在会使组织结构在电子显微镜高真空状态下急骤收缩而遭破坏。另外，目前多用非水溶性包埋剂，细胞游离水会影响包埋剂的浸透，所以脱水是重要步骤。常规“梯度脱水法”按 30%→50%→70%→80%→95%→100%逐级加大脱水剂的浓度，逐步把水分置换出来。脱水剂有乙醇、丙酮、甲醇、乙二醇等。

（4）包埋。用包埋剂取代脱水后的组织块中的脱水剂，并制成适于超薄切片机易切割的固体块。好的包埋块才能切出高质量的连续切片。常用的包埋剂有进口的Epon812、国产的618等。

（5）切片。目前国内多用的超薄切片机是瑞典LKB公司产的，如LKBⅢ、LKBⅣ、LKBⅤ型和 NOVa 型，它们是利用样品臂金属杆热胀冷缩的微小长度变化进行切片的。超薄切片分为修块、制刀、切片、捞片等步骤。

（6）染色。将捞到的支持铜网上的切片进行电子染色。单染法：只用一种染液染色。大多是用铅染色，效果较好。有些情况为避免铅的干扰，则单独使用铀染色。双染法：先用乙酸铀染色，而后再用柠檬酸铅染色，这是目前普遍采用的方法，染色效果较好。染完色的超薄切片用蒸馏水反复冲洗，除去多余染色液，待干燥后即可镜检。

【电子显微镜的演示】

（1）参观电子显微镜，认真了解其工作原理、结构，并观察使用方法。学习侧插式样品支架的使用方法，按仪器操作说明书实际操作演示，并将准备好的超薄切片铜网放入支架上。

（2）给电子显微镜进样、启动高压获得照明。假如电子光学系统已经对中调好状态，那么就用样品移动杆选择观察视场，调节中间镜电流到适当的放大倍数，配合调节第二聚光镜选择合适的亮度，开始观察分析荧光屏上的结构图像。

（3）观察分析预先选择准备好的动物或植物样品切片。

（4）电子显微镜照片观察

挑选一批动物、植物、微生物和病毒等方面的典型电子显微镜照片，观察学习各种细胞器的结构特征。

【作业】

（1）比较电子显微镜和光学显微镜的异同。

（2）区分细胞的显微结构和亚显微结构，写出各种细胞器的名称及亚显微结构特征。

实验八　细胞大小和数目的测量及计算

【实验目的】

（1）学习显微测微尺测定细胞大小和细胞计数板计算细胞数目的原理。

（2）掌握显微测微尺和细胞计数板对细胞大小测定和细胞计数的方法。

【实验原理】

大多数细胞微小，其大小只能在显微镜下测量，用于测量细胞大小的工具有目镜测微尺和镜台测微尺。

目镜测微尺是一块圆形玻片，在玻片中央把 5mm 长度刻成 50 等分，或把 10mm 长度刻成 100 等分。测量时，将其放在接目镜中的隔板上，此处正好与物镜放大的中间物像重叠，用于测量经显微镜放大后的细胞物像。由于不同目镜、物镜组合的放大倍数不相同，目镜测微尺每格实际表示的长度也不一样，因此目镜测微尺测量细胞大小时须先用镜台测微尺校正，以求出在一定放大倍数下，目镜测微尺每小格所代表的相对长度。镜台测微尺是中央部分刻有精确等分线的专用载玻片，一般将 1mm 等分为 100 格，每格长 10μm 即 0.01mm。校正时，将镜台测微尺放在镜台上，由于镜台测微尺与细胞标本处于同一位置，都要经过物镜和目镜的两次放大成像进入视野，即镜台测微尺随着显微镜总放大倍数的放大而放大，因此从镜台测微尺上得到的读数就是细胞的真实大小，所以用镜台测微尺的已知长度在一定放大倍数下校正目镜测微尺，即可求出目镜测微尺每格所代表的实际长度，然后移去镜台测微尺，换上待测标本片，用校正好的目镜测微尺在同样放大倍数下测量微生物细胞大小。

测定细胞数量的方法很多，通常采用的有显微镜直接计数法和稀释平板计数法。菌体较大的酵母菌或霉菌孢子可采用细胞计数板，细胞计数板是一块特制的厚型载玻片，载玻片上有由 4 条槽所构成的 3 个平台。中间的平台较宽，其中间又被一短横槽分隔成两半，每个半边上面各有一个计数室，计数室的刻度有两种：一种是一个大方格分为 16 个中方格，中方格用双线隔开，每个中方格又分成 25 个小方格；另一种是一个计数室分成 25 个中方格，中方格之间用双线分开，每个中方格又分成 16 个小方格。不管计数室是哪一种构造，它们都有一个共同特点，即计数室都由 400 个小方格组成。

计数室边长为 1mm，则计数室的面积为 $1mm^2$。盖上盖玻片后，计数室的高度为 0.1mm，所以计数室的体积为 $0.1mm^3$（1×10^{-4}ml）。

计数时，以 25 个中方格的计数板为例，一般数 5 个中方格的总菌数，然后算出每个中方格的平均值，再乘以25，就得出一个大方格中的总菌数，再换算成每毫升菌液中细胞的数量。假设 5 个中方格中总菌数为 A，菌液稀释倍数为 B，则

$$1ml\ 菌液中的细菌细胞数 = A/5\times25\times10^4\times B。$$

【实验用品】

器具：生物显微镜、目镜测微尺、镜台测微尺、盖玻片（22mm×22mm）、载玻片、滴管、擦镜纸、细胞计数板、吸水纸。

试剂：无水乙醇、二甲苯、香柏油。

材料：甜酒酵母培养液、细菌三型染色标本片。

【实验方法和步骤】

一、细胞大小的测定

1. 目镜测微尺的校正

把目镜的上透镜旋下，将目镜测微尺的刻度朝下轻轻地装入目镜的隔板上，把镜台测微尺置于镜台上，刻度朝上。先用低倍镜观察，对准焦距，视野中看清镜台测微尺的刻度后，转动目镜，使目镜测微尺与镜台测微尺的刻度平行，移动推动器，使两尺重叠，再使两尺的“0”刻度完全重合，定位后，仔细寻找两尺第二个完全重合的刻度，计数两重合刻度之间目镜测微尺的格数和镜台测微尺的格数。因为镜台测微尺的刻度每格长 10μm，所以由下式可以算出目镜测微尺每格所代表的实际长度。

$$目镜测微尺每格长度（\mu m）=\frac{两重合线间镜台测微尺的格数\times 10}{两重合线间目镜测微尺的格数}$$

例如，目镜测微尺 5 小格正好与镜台测微尺 5 小格重叠，已知镜台测微尺每小格为 10μm，则

$$目镜测微尺上每小格长度=5\times 10\mu m/5=10\mu m。$$

用同样方法分别校正在高倍镜下和油镜下目镜测微尺每小格所代表的长度。

由于不同显微镜及附件的放大倍数不同，因此校正目镜测微尺必须针对特定的显微镜和附件（特定的物镜、目镜、镜筒长度）进行，而且只能在该显微镜上重复使用，当更换不同显微镜目镜或物镜时，必须重新校正目镜测微尺每一格所代表的长度。

2. 细胞大小的测定

（1）将酵母菌原液稀释为 100 倍浓度的菌悬液。

（2）取一滴酵母菌菌悬液制成水浸片。

（3）移去镜台测微尺，换上酵母菌水浸片，先在低倍镜下找到目的物，然后在高倍镜下用目镜测微尺来测量酵母菌菌体的长、宽各占几格，不足一格的部分估计到小数点后一位数。测出的格数乘上目镜测微尺每格的校正值，即等于该菌的长和宽。一般测量菌体的大小要在同一个标本片上测定 10～20 个菌体，求出平均值，才能代表该菌的大小。

（4）同样方法用油镜测定细菌三型切片的细胞大小。

二、细胞的显微直接计数法

（1）将酵母菌原液稀释 100 倍制备菌悬液。

（2）取洁净的细胞计数板一块，在计数区盖上一块盖玻片。

（3）将酵母菌悬液摇匀，用滴管吸取少许，从计数板中间平台两侧的沟槽内沿盖玻片的下边缘滴入一小滴，不宜过多，让菌悬液利用液体的表面张力充满计数区，勿使气

泡产生，并用吸水纸吸去沟槽中流出的多余菌悬液。也可以将菌悬液直接滴加在计数区上，注意不要使计数区两边平台沾上菌悬液，以免加盖盖玻片后，造成计数区深度的升高。然后加盖盖玻片，勿使产生气泡。

（4）静置片刻，将细胞计数板置镜台上夹稳，先在低倍镜下观察到计数区后，再转换高倍镜观察并计数。由于活细胞的折光率和水的折光率相近，观察时应适当关小孔径光阑并减弱光照的强度。

（5）计数时若计数室是由 16 个中方格组成的，按对角线方位，数左上、左下、右上、右下的 4 个中方格的菌数。如果是由 25 个中方格组成的计数室，除数上述 4 个中方格外，还需数中央 1 个中方格的菌数。如果菌体位于中方格的双线上，计数时则数上线不数下线，数左线不数右线，以减少误差。

（6）对于出芽的酵母菌，芽体达到母细胞大小一半时，即可作为两个菌体计算。每个样品重复计数 2 次或 3 次，每次数值不应相差过大，否则应重新操作；求出一个大方格中的总菌数，按公式计算出每毫升菌悬液所含酵母菌细胞数量。

【实验结果】

1. 细胞大小测定

（1）测微尺校正结果填入表 8-1 中。

表 8-1 目镜测微尺校正结果

物镜	物镜放大倍数	目镜测微尺格数	镜台测微尺格数	目镜测微尺每格代表长度/μm
低倍	4×			
高倍	40×			
油镜	100×			

目镜放大倍数：________。

（2）将细胞测定结果填入表 8-2 中。

表 8-2 各菌测定结果

细胞类型	目镜测微尺每格代表长度/μm	长	宽	菌体大小范围 长×宽/μm×μm
酵母菌				
杆状菌				
球菌				
螺旋菌				

2. 细胞显微计数

将结果记录于表 8-3 中。

表 8-3 细胞显微计数结果

	各中格菌数					5 个中格总菌数	两室菌数平均值	菌数/（个/ml）
	1	2	3	4	5			
第一室								
第二室								

【注意事项】

测数完毕后用水将细胞计数板冲洗干净，切勿用硬物洗刷或抹擦，以免损坏网格刻度。洗净后自行晾干或用吹风机吹干，放入盒内保存。

【作业】

用细胞计数板计数误差主要来自哪些方面？应如何减少误差力求准确？

实验九 细胞器的分离、纯化和鉴定

Ⅰ. 叶绿体的分离与荧光观察

【实验目的】

（1）通过植物细胞叶绿体的分离，了解细胞器分离的一般原理和常用方法。

（2）观察叶绿体，以及气孔、表皮细胞、保卫细胞的形态，加深对植物组织形态的了解。

（3）观察叶绿体的自发荧光和二次荧光，并熟悉荧光显微镜的使用。

【实验原理】

将植物组织匀浆后悬浮在等渗介质中进行差速离心，是分离细胞器的常用方法。一个颗粒在离心场中的沉降速率取决于颗粒的大小、形状、稠密度，也与离心力及悬浮介质的黏度有关。在一给定的离心场中，同一时间内，密度和大小不同的颗粒其沉降速率不同。依次增加离心力和离心时间，就能够使非均一悬浮液中的颗粒按其大小、密度先后分批沉降在离心管底部，分批收集即可获得各种亚细胞组分。叶绿体的分离应在等渗溶液（0.35mol/L 氯化钠或 0.4mol/L 蔗糖溶液）中进行，以免渗透压的改变使叶绿体受到损伤。将匀浆液在 1000r/min 的条件下离心 2min，以去除其中的组织残渣和一些未被破碎的完整细胞。然后在 3000r/min 的条件下离心 5min，即可获得沉淀的叶绿体（混有部分细胞核）。分离过程最好在 0～4℃条件下进行；如果在室温下进行，要迅速分离和观察。

有些生物体内的物质受激发光照射后可直接发出荧光（称为自发荧光），如叶绿素的火红色荧光。有的生物材料本身不发荧光，但它吸收荧光染料后同样也能发出荧光（称为间接荧光），如叶绿体吸附吖啶橙后可发出橘红色荧光。

吖啶橙（acridine orange，AO）是一种荧光色素，其滤色片激发波长为488 nm，阻断波长为515nm。它与细胞中DNA和RNA结合的量存在差别，可发出不同颜色的荧光（着色特异性）：DNA是高度聚合物，吸收荧光物质的位置较少，发绿色荧光；而RNA聚合度低，能与荧光物质结合的位置多，发红色荧光。

【实验用品】

器具：普通离心机、光学显微镜、荧光显微镜、天平、烧杯、量筒、滴管、离心管、纱布、研钵、载玻片和盖片等。

试剂：0.35mol/L 氯化钠溶液、0.01%吖啶橙。

材料：新鲜的绿色蔬菜叶片（菠菜或油麦菜）。

【实验方法和步骤】

1. 游离叶绿体的制备与观察

（1）选取新鲜的嫩菜叶，洗净擦干后去除叶梗及粗脉，称5g放于研钵中，加30ml的0.35mol/L 氯化钠溶液研磨制成匀浆液。

（2）将匀浆液用6层纱布过滤，收集于50ml烧杯中。

（3）取滤液在1000r/min下离心2min。取上清液，弃去沉淀。

（4）将上清液在3000r/min下离心5min。弃去上清液，取沉淀即为叶绿体（混有部分细胞核）。

（5）将沉淀用0.35mol/L 氯化钠溶液悬浮。

（6）取叶绿体悬液滴在载玻片上，在普通光学显微镜下观察，再取一份滴加0.01%吖啶橙染色后放于荧光显微镜下观察。

2. 组织中叶绿体的观察

取新鲜植物嫩叶适量，放入研钵中，加入少量的0.35mol/L 氯化钠溶液碾碎，用滴管吸取上层浸出液，镜下观察叶肉细胞结构中叶绿体和保卫细胞等的形态。

【实验结果】

（1）在普通光学显微镜下，表皮细胞边缘呈锯齿形鳞片状或不规则形，常与气孔连在一起，呈无色；保卫细胞为构成气孔的成对存在的肾形细胞；气孔有时呈纺锤形、圆形（开放时），条形（闭合时）（图9-1）。

（2）视野下可见到大量散在的点状或类圆状叶绿体颗粒（图9-2）。

（3）荧光显微镜下，叶绿体发出火红色荧光（图9-3）。

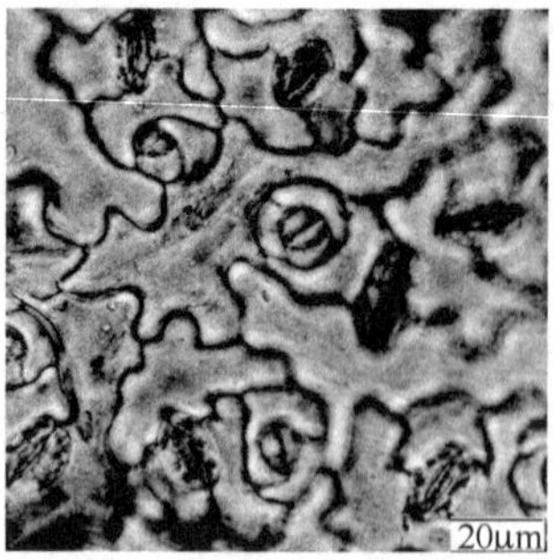

图 9-1 叶片表皮细胞

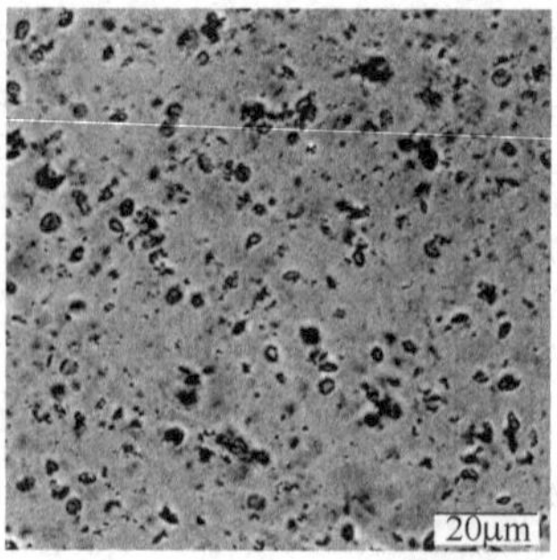

图 9-2 离体叶绿体（图版 I-3）

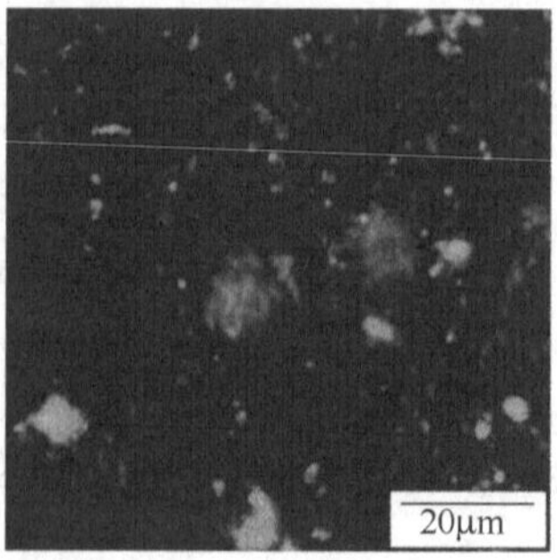

图 9-3 叶绿体自发荧光

【注意事项】

（1）植物组织匀浆后要悬浮在等渗介质中进行差速离心，同时叶绿体的分离最好在0～4℃条件下进行。

（2）如用荧光显微镜观察叶绿体，则可以取一滴叶绿体悬液在无荧光载玻片上，再滴加一滴 0.01%吖啶橙染液染色 1min，盖上盖玻片，于荧光显微镜下观察。可见叶绿体发出橘红色荧光，细胞核则发出绿色荧光。

【作业】

（1）画出分离后的叶绿体（注明形态的放大倍数）。

（2）分离叶绿体时，为什么要加入 0.35mol/L 氯化钠？

（3）吖啶橙染色的叶绿体和细胞核颜色分别是什么，为什么不同？

Ⅱ. 差速离心法分离线粒体

【实验目的】

（1）了解细胞器分离的原理和常用方法。

（2）了解细胞活体染色的原理和常用方法。

【实验原理】

差速离心采用逐渐增加离心速率或低速和高速交替进行离心，使沉降速率不同的颗粒在不同的分离速率及不同的离心时间下分批分离的方法，适用于不同沉降速率的颗粒分批分离。

一个颗粒在一个固定离心力作用下的沉降速率取决于颗粒的大小、形状和密度，也同悬浮颗粒介质的黏稠度有关。当以一定离心力在一定的离心时间内进行离心时，在离心管底部就会得到最大和最重颗粒的沉淀，分出的上清液在加大转速下再进行离心，又得到第二部分较大、较重颗粒的“沉淀”及含较小和较轻颗粒的“上清液”，如此多次离心处理，就能把液体中的不同颗粒较好分开。这时所得沉淀是不纯的，需经再悬浮和再离心（2 次或 3 次）才能得到较纯颗粒。

差速离心方法较简单，但分辨率不高，沉淀系数在同一个数量级内的各种粒子不容易分开，常用于其他分离手段之前的粗制品提取（如细胞和病毒的分离等）。

线粒体的细胞色素氧化酶能使詹纳斯绿染料始终保持在氧化状态而呈蓝色，周围细胞质内的染料却被还原成无色的色基，在进行细胞的体外染色时，至少要使材料在詹纳斯绿染料中染色 15min 后再盖上盖玻片，以使材料充分氧化。

【实验用品】

器具：解剖刀剪、冰浴装置、吸管、玻璃匀浆器、冷冻离心机、培养皿。

试剂：匀浆介质（0.21mol/L 甘露醇、0.07mol/L 蔗糖、0.005mol/L Tris-HCl，pH＝7.4；0.001mol/L EDTA）、0.02%詹纳斯绿（Janus Green B）。

材料：鹌鹑肝脏。

【实验方法和步骤】

（1）鹌鹑窒息处死，剖腹取肝脏。

（2）用预冷到 0℃的匀浆介质洗净后将肝脏剪碎，加入适量的匀浆介质后转移到研钵中，研磨均匀。

（3）将肝脏组织研磨液转移到离心管中，4℃ 3400r/min 离心 10min。取上清液。

（4）上清液 4℃ 4000r/min 离心 15min。

（5）弃去上清液，将沉淀以适量匀浆介质悬浮制成线粒体悬浮液，吸滴于载玻片上，再加滴詹纳斯绿染色液，室温下静置染色 15min。

（6）加盖盖玻片，置普通光学显微镜下观察。

【实验结果】

在高倍镜下观察到游离的线粒体（混少量细胞核）被染成了蓝色。

【注意事项】

（1）染料有毒，如果沾到皮肤上需要尽快用水冲洗干净。

（2）注意保持在低温下操作。

【作业】

（1）线粒体正常情况下是什么形态？饥饿过后观察又是什么形态？为什么会有如此变化？

（2）本实验所用鹌鹑为什么要经过饥饿处理？对实验有什么好处？

实验十 细胞骨架观察

Ⅰ. 细胞的胞质环流

【实验目的】

（1）观察植物细胞质流动现象。

（2）了解影响细胞质流动的因素。

【实验原理】

细胞质流动是一种生命活动现象，普遍存在于活细胞中。细胞质是活细胞进行新陈代谢的主要场所，细胞质流动能够促进细胞内营养物质的运输和细胞器的移动。在多种植物细胞中能观察到细胞质流动现象，其可作为细胞活动强弱的重要指标，细胞质流动可带动胞内基质中的叶绿体移动，因此，可取含有叶绿体、生命活动旺盛的材料进行观察。

细胞质流动主要是细胞骨架中的微丝肌动蛋白与肌球蛋白相对滑动的结果，其流动方式包括胞质环流、穿梭运动和布朗运动等。细胞质流动需要消耗能量，因此其受各种物化因素的影响，如温度、光照、渗透压、各种离子等，从不同程度促进或抑制细胞质的流动。

【实验用品】

器具：普通光学显微镜、水浴锅、滴管、载玻片、盖玻片、镊子、刀片、培养皿、吸水纸。

试剂：0.35mol/L 氯化钠溶液、1.0mol/L 氯化钠溶液、1.0mol/L 甘露醇溶液、蒸馏水。

材料：新鲜黑藻、菠菜叶。

【实验方法和步骤】

（1）取一片清洁载玻片，中央滴一滴蒸馏水，取黑藻小叶或菠菜叶稍带叶肉的下表皮置于载玻片蒸馏水中，盖上盖玻片，制成临时装片。

（2）在低倍镜下观察，寻找有细胞质流动的细胞，转至高倍镜，观察叶绿体流动方向和流动速率。

（3）光照影响：调节显微镜光源强弱，观察胞质环流变化情况，记录现象。

（4）离子影响：另取两片洁净载玻片，一片两侧滴加蒸馏水和 1.0mol/L 甘露醇溶液，另一片分别滴加 0.35mol/L 和 1.0mol/L 氯化钠溶液，取黑藻叶片或菠菜叶片于 4 种液滴中，盖上盖玻片，观察胞质环流现象，并记录实验现象和停止流动时间。15min 后，用蒸馏水漂洗溶液中的叶片，再观察胞质环流现象。

（5）温度影响：在水浴锅设置 15℃、25℃、35℃三种温度，将三片黑藻叶片置于三种温度下处理 5min，取一载玻片分三个区域滴加蒸馏水，并将叶片置于蒸馏水中，盖上盖玻片，观察胞质环流现象和冷却后的流动性，并作记录。

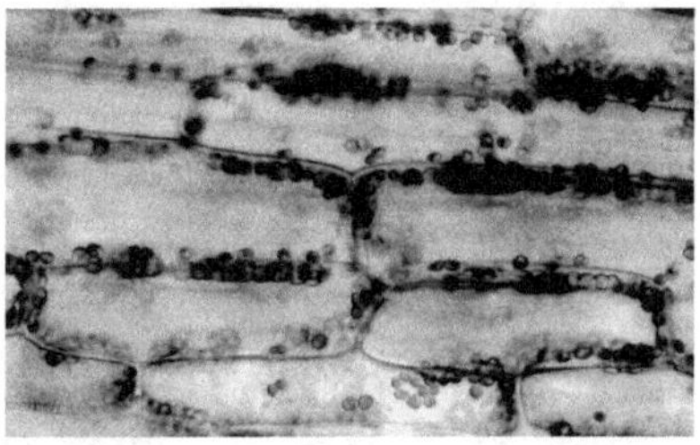
图 10-1 黑藻细胞胞质环流

【实验结果】

（1）黑藻细胞胞质环流的实验观察结果显示叶绿体沿细胞壁流动，见图 10-1。

（2）将不同因素影响胞质环流的现象填入表 10-1～表 10-3 并进行实验结果分析。

表 10-1 光照的影响

项目	光源				
	+++	++	+	−	−−
现象					
结果分析					

注：用“+”“−”表示光照强弱，记录胞质环流情况

表 10-2 离子的影响

项目	离子			
	蒸馏水	1.0mol/L 甘露醇溶液	0.35mol/L 氯化钠溶液	1.0mol/L 氯化钠溶液
现象				
停止流动时间				
漂洗后现象				
结果分析				

注：从胞质环流形式、方向、快慢描述现象

表 10-3 温度的影响

项目	温度		
	15℃	25℃	35℃
现象			
冷却后现象			
结果分析			

注：从胞质流动形式、方向、快慢描述现象

【注意事项】

（1）选用新鲜且富含叶绿体的植物叶片是观察成功的关键，菠菜叶叶绿体大且丰富；黑藻液泡发达，便于观察胞质环流。

（2）临时装片应在观察过程保持有水状态，以保证叶绿体的形态和分布稳定。

【作业】

（1）细胞质流动的原理是什么？

（2）胞质环流有何特点？

Ⅱ．细胞骨架的显示和光学显微镜观察

【实验目的】

（1）了解细胞骨架的结构特征及其制备技术。

（2）掌握考马斯亮蓝 R250 染细胞胞质微丝的方法。

【实验原理】

细胞骨架（cytoskeleton）是指细胞内以蛋白质纤维为主要成分的网络结构，根据蛋白质纤维的直径、组成成分和组装结构的不同可分为微丝、微管和中等纤维。细胞骨架对于维持细胞的形态结构，以及细胞运动、物质运输、能量转换、信号转导和细胞分裂等有重要的作用。

观察微丝可以用电子显微镜、组织化学、免疫细胞化学等手段。本实验用考马斯亮蓝 R250（coomassie brilliant blue R250）显示微丝的组成。植物细胞用适当浓度的 Triton X-100 处理后，可破坏细胞内的蛋白质，但细胞骨架系统的蛋白质却保护完好。考马斯亮蓝是一种蛋白质染料，处理后的材料用考马斯亮蓝 R250 染色后，用光学显微镜观察，可以见到一种网状结构，即为细胞骨架结构。

染色时用的 M-缓冲液，其中咪唑是缓冲剂，EGTA 和 EDTA 螯合 Ca^{2+}，在一定 Mg^{2+}和低钙条件下，骨架纤维保持聚合状态并且较为舒张。

【实验用品】

器具：普通光学显微镜、恒温箱、培养皿、烧杯、试剂瓶、容量瓶、吸管、载玻片、盖玻片、镊子、小剪刀、吸水纸、擦镜纸。

试剂：0.01mol/L 磷酸盐缓冲生理盐水（PBS，pH 7.3）、M-缓冲液、1%的 Triton X-100/M-缓冲液、0.2%考马斯亮蓝 R250 染液、3%戊二醛-PBS 溶液。

材料：洋葱鳞叶。

【实验方法和步骤】

（1）用镊子撕取洋葱鳞茎内表皮若干片（约 $1cm^2$ 大小），置于 50ml 烧杯中，加入 PBS 缓冲液漂洗 2min。

（2）吸去 PBS 缓冲液，加入 1% Triton X-100 处理 20～30min。

（3）吸去 Triton X-100，用 M-缓冲液漂洗 3 次，每次 5min。

（4）用 3%戊二醛固定 30min。

（5）用 PBS 缓冲液漂洗 3 次，每次 5min。

（6）用 0.2%考马斯亮蓝 R250 染色 15min。

（7）用蒸馏水洗两次，然后将样品置于载玻片上，加盖玻片于普通光学显微镜下观察。

【实验结果】

实验结果见图 10-2，经考马斯亮蓝 R250 染色后可见细胞内蓝色纤维束，粗细不等，呈立体结构。

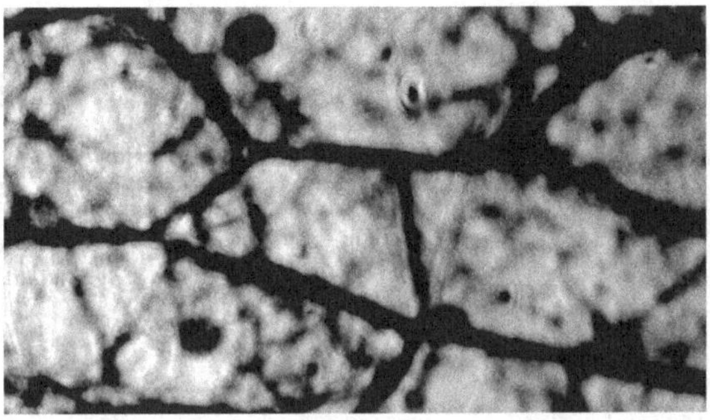

图 10-2　洋葱鳞茎内表皮细胞骨架（微丝）
（图版 I-13）

【注意事项】

（1）用去垢剂 Triton X-100 的缓冲液处理材料时，应控制在 30min 左右。

（2）每一次加液或染色后，应用 PBS 洗两次，并用滤纸吸干。

【作业】

（1）显示细胞骨架的原理是什么？

（2）说明实验中使用的 Triton X-100、M-缓冲液、戊二醛、考马斯亮蓝 R250 的作用。

附：试剂配制

（1）0.01mol/L 磷酸盐缓冲生理盐水（PBS，pH7.3）：0.2mol/L Na_2HPO_4/NaH_2PO_4 缓冲液（pH7.3）50ml、NaCl 0.15mol/L，加蒸馏水至 1000ml。其中 0.2mol/L Na_2HPO_4/NaH_2PO_4 缓冲液（pH7.3）：0.2mo1/L Na_2HPO_4 77ml 与 0.2mo1/L NaH_2PO_4 23ml 混合。

（2）M-缓冲液：50mmol/L 咪唑、50mmol/L 氯化钾、0.5mmol/L 氯化镁、1mmol/L 乙二醇四乙酸（EGTA）、0.1mmol/L 乙二胺四乙酸（EDTA）、1mmol/L 巯基乙醇、4mmol/L 丙三醇，用 1mol/L HCl 调 pH 至 7.2。

（3）1%的 Triton X-l00/M-缓冲液：Triton X-l00 1ml，M-缓冲液 99ml。

（4）0.2%考马斯亮蓝 R250 染液：考马斯亮蓝 R250 1g，溶剂为 250ml 无水乙醇、35ml 冰乙酸、215ml 蒸馏水。

实验十一 细胞膜的渗透性

【实验目的】

了解细胞膜的渗透性及各类物质进入细胞的速率。

【实验原理】

当红细胞置于不同等渗溶液中时，由于对各种溶质的通透性不同，有的溶质分子可透入，有的溶质分子则不能透入，能透入的溶质分子的透入速率也不同。当溶质分子进入红细胞使细胞内溶质浓度增加时，导致水的摄入。红细胞膨胀到一定程度时，细胞膜破裂，血红素溢出，即红细胞发生溶血。由于溶质透入速率不同，溶血时间也不同。

【实验用品】

器具：普通显微镜、离心机、秒表、电子天平、冰箱、玻璃仪器干燥器、超声波清洗机、刻度离心管、试管、试管架、移液管、烧杯、镊子、载玻片、盖玻片、吸水纸、擦镜纸、洗瓶、烧杯、容量瓶、细口瓶、广口瓶。

试剂：0.01mol/L 氯化钠、0.06mol/L 氯化钠、0.15mol/L 氯化钠、3.0mol/L 氯化钠、0.8mol/L 甲醇、0.8mol/L 乙醇、0.8mol/L 乙二醇、0.8mol/L 丙二醇、0.8mol/L 丙三醇、肝素。

材料：小鼠。

【实验方法和步骤】

1. 红细胞在不同浓度盐溶液中的变化

（1）小鼠用手术器械去除眼球采血（加肝素抗凝），取 1ml 血液用 0.15mol/L 氯化钠 5ml 洗涤 3 次，每次洗后 2500r/min 离心 5min，最后配成 50%红细胞悬液。

（2）取试管 4 支，分别加入 0.01mol/L 氯化钠、0.06mol/L 氯化钠、0.15mol/L 氯化钠、3.0mol/L 氯化钠 3ml，然后各管均加入红细胞悬液 2 滴，混匀后静置于室温下，观察是否发生溶血，若发生溶血，记录溶血发生的时间。

2. 红细胞对不同醇类的渗透性

（1）取试管 5 支，分别加入甲醇、乙醇、乙二醇、丙二醇、丙三醇溶液（均为 0.8mol/L）各 3ml。

（2）每管加入红细胞悬液 2 滴，混匀后静置于室温下，观察是否发生溶血，若发生溶血，记录溶血发生的时间。

【实验结果】

将红细胞在不同溶液中发生的现象、发生溶血的时间记录于表 11-1 中。

表 11-1　不同溶液中红细胞的溶血现象及分析

试管编号	溶液/（mol/L）	是否溶血	时间	结果分析
1	0.01 氯化钠			
2	0.06 氯化钠			
3	0.15 氯化钠			
4	3.00 氯化钠			
5	0.80 甲醇			
6	0.80 乙醇			
7	0.80 乙二醇			
8	0.80 丙二醇			
9	0.80 丙三醇			

【注意事项】

（1）移液管不可混用，以免造成溶液间的交叉污染。

（2）试管中有红细胞和测试溶液时，不应强力摇晃，以免造成人为的红细胞破裂。

（3）溶血时间以 15min 为限度，15min 时仍不溶血则判断为不溶血。

【作业】

（1）记录红细胞在不同溶液中发生的现象、发生溶血的时间，并对结果进行分析。

（2）影响细胞渗透性的因素主要有哪些？

附：试剂配制

肝素 0.2mg/ml：一般为 0.01～0.2mg/ml，肝素用量为每预计 100ml 采血量加入肝素 20mg。

实验十二　植物凝集素对红细胞的凝集作用

【实验目的】

（1）了解植物凝集素的作用。

（2）掌握凝集素促进细胞凝集的原理，观察血细胞的凝集现象。

（3）培养学生设计实验、观察实验现象和分析实验结果的能力。

【实验原理】

植物凝集素（lectin）是一类含糖的（少数凝集素例外）并能与糖进行专一性结合的蛋白质，因最早发现于植物蓖麻籽萃取物中而被命名为植物凝集素。它是一类具有特异糖结合活性的蛋白质，具有一个或多个可以与单糖或寡糖特异可逆结合的非催化结构域。根据植物凝集素亚基的结构特征，植物凝集素分成 4 种类型：部分凝集素、全凝集素、嵌合凝集素、超凝集素；根据氨基酸序列的同源性及其在进化上的相互关系，植物凝集素分为 7 个家族：豆科凝集素、几丁质结合凝集素、单子叶甘露糖结合凝集素、2 型核糖体失活蛋白、木菠萝素家族、葫芦科韧皮部凝集素和苋科凝集素。

细胞质膜是由蛋白质与脂双层共同形成的动态流动结构，蛋白质和脂质分子又与寡糖链结合为糖蛋白和糖脂分子，糖蛋白和糖脂分子伸至细胞表面的分支状寡糖链在质膜表面形成细胞外被。细胞外被与细胞间的分子识别、细胞的生长与分化、免疫反应和肿瘤的发生等均有关系。

植物凝集素使细胞凝集主要是由于它能与细胞表面的糖分子链接，在细胞间形成“桥”，将不同的细胞连接起来，使细胞彼此聚集在一起，成为不规则的细胞团，加入与凝集素互补的糖可以抑制细胞的凝集。

【实验用品】

器具：普通显微镜、离心机、电子天平、冰箱、滴管、离心管、刻度试管、移液管、试管架、镊子、载玻片、盖玻片、吸水纸、擦镜纸、一次性注射器、一次性采血针、记号笔。

试剂：PBS 缓冲液、生理盐水、肝素或抗凝剂、植物血细胞凝集素（PHA）。

材料：马铃薯块茎。

1%鸡红细胞悬液（RBC）：自健康鸡静脉采血（加肝素抗凝），取 0.5ml 血液加至 4.5ml 生理盐水中，2000r/min 离心 10min，去掉上清液，再加生理盐水反复洗涤两次，最后配成 1%悬液。暂时不用时，可保存红细胞沉淀于冰箱中，用前洗涤后配制成 1%悬液。

【实验方法和步骤】

1. 马铃薯块茎

（1）称取马铃薯去皮块茎 2g，加少许 PBS 缓冲液后置于捣碎机中成匀浆，最终加到 10ml PBS 缓冲液，浸泡 2h，浸出的粗提液中含有可溶性马铃薯凝集素。

（2）用滴管吸取马铃薯凝集素和 1%红细胞悬液各一滴于载玻片上，充分混匀，静置 20min 后于低倍显微镜下观察细胞凝集现象。

（3）PBS 液加 1%血细胞悬液作对照实验。

2. 植物血细胞凝集素

（1）取试管 8 支试管排在试管架上，第 1 管加入生理盐水 0.8ml，其余各管加入生理盐水 0.5ml。然后在第 1 管内加入植物血细胞凝集素 0.2ml，混匀后，吸出 0.5ml 加入到第 2 管中混匀，再吸出 0.5ml 加入到第 3 管中，依此类推。第 8 管为对照，加入 0.5ml 生理盐水（图 12-1）。

（2）每管加入 1%鸡红细胞悬液 2～3 滴，充分摇匀。室温下静置 30min。

【实验结果】

（1）加马铃薯凝集素的 1%的鸡血红细胞肉眼观察明显可见周围液体变得澄清透明，红细胞发生凝集，聚集到凹片中心；未加马铃薯凝集素的红细胞没有发生变化；加马铃薯凝集素的 10%的鸡血红细胞由于红细胞数量过多在相同时间内无法观察到凝集现象；在显微镜下观察，由于加了马铃薯凝集素的红细胞发生凝集，细胞重叠在一起（图 12-2）。

图 12-1　红细胞凝集现象

图 12-2　显微镜下观察红细胞凝集

（2）轻轻取出试管观察底部，凡凝集者，在管底可看到麻点态的血细胞凝集物。根据凝集程度可用＋＋＋＋、＋＋＋、＋＋、＋、－等表示。如果血细胞均匀的沉于试管底部中央则为阴性反应，以稀释倍数最小的阴性反应管的前一管的稀释倍数为凝集素的凝集效价。

【注意事项】

（1）实验前确定好凹玻片的反正面，做好适当标记。

（2）注意控制加入凹玻片的液体的量，以免影响实验结果的观察。

（3）准确配制和稀释前 7 管 PHA 梯度溶液，注意第 8 管为对照。

【作业】

（1）绘图表示血细胞凝集现象。分析哪些因素影响细胞凝集反应？

（2）按表 12-1 记录植物血细胞凝集素的凝集结果，并进行分析。

表 12-1　植物血细胞凝集素的凝集结果

项目	管号							
	1	2	3	4	5	6	7	8
PHA 稀释倍数								
1%RBC 滴数								
结果								

附：试剂配制

（1）PBS 缓冲液：称取 NaCl 7.2g、Na_2HPO_4 1.48g、KH_2PO_4 0.43g，加蒸馏水定容至 1000ml，调 pH 至 7.2。

（2）生理盐水：0.85%溶液，称取 8.5g NaCl 加蒸馏水定容为 1000ml。

实验十三 小鼠腹腔巨噬细胞的吞噬实验

【实验目的】

（1）熟悉诱导小鼠腹腔产生巨噬细胞的原理和方法。

（2）掌握巨噬细胞吞噬作用的基本过程。

（3）了解小鼠腹腔注射给药和脊椎脱臼处死方法。

【实验原理】

细胞吞噬作用原来是单细胞动物摄取营养物质的方式，也是原始防御作用。随着动物界的进化，在高等动物中发展生成大小两类吞噬细胞（巨噬细胞和嗜中性粒细胞），专司吞噬作用，成为非特异免疫功能的重要组成部分。

巨噬细胞由骨髓干细胞分化生成，然后进入血液到达各组织内，并进一步分化为各种巨噬细胞。当病原微生物或其他异物侵入机体时，能招引巨噬细胞，而巨噬细胞又有趋化性，能响应招引因子的招引，产生活跃的变形运动，主动向病原体和异物移行。在接触到病原体或异物时，即伸出伪足，将之包围并内吞入胞质，形成吞噬泡，继而细胞质中的初级溶酶体与吞噬泡发生融合，形成吞噬溶酶体，通过其中水解酶等的作用，将病原体杀死、消化分解，最后将不能消化的残渣排出细胞外。

【实验用品】

器具：普通显微镜、离心机、高压灭菌锅、恒温水浴锅、pH 测定仪、电子天平、冰箱、超声波清洗机、电磁炉、离心管、解剖盘、剪刀、镊子、一次性注射器、载玻片、盖玻片、吸水纸、擦镜纸、移液管、细口瓶、广口瓶、滴瓶、烧杯、玻璃棒、容量瓶、洗瓶、吸管。

试剂：0.85%生理盐水、Alsever 溶液、4%台盼蓝染液、6%淀粉肉汤（含台盼蓝染液）。

材料：小白鼠、1%鸡红细胞悬液（自健康鸡翼静脉采血，每毫升放入盛有 4ml Alsever 溶液的瓶中，混匀后置 4℃冰箱保存备用，（一周内使用）。使用前加入 0.85%生理盐水离心（1500r/min 10min）并洗涤两次，再用生理盐水配成 1%的悬液。

【实验方法和步骤】

（1）实验前 2 天，每天给小白鼠腹腔注射 6%淀粉肉汤（含台盼蓝染液）1ml。注射时，先用右手抓住鼠尾提起，放在实验台上，用左手的拇指和食指抓住小鼠的两耳和头颈皮肤，将鼠体置于左手心中，把后肢拉直，用左手的无名指和小指按住尾巴与后肢，前肢可用中指固定，即可在腹部后 1/2 处的外侧注射。

（2）实验时，取注射过淀粉肉汤的小白鼠，腹腔注射 1%鸡红细胞悬液 1ml，转按小白鼠腹部，使悬液分散。

（3）20min 后用脊椎脱臼法处死小鼠（右手抓住鼠尾，用力向后拉，左手拇指与食指同时向下按住鼠头，使脊髓与脑髓间断开致鼠死亡。

（4）将小鼠置于解剖盘中，剪开腹部，把内脏推向一侧，用不装针头的注射器或吸管吸取腹腔液。

（5）每人取一张干净载玻片，滴一滴腹腔液，盖上盖玻片，显微镜下观察并记录、画图。

【实验结果】

实验结果见图 13-1。高倍镜下，可见许多体积较大的圆形或形态不规则的细胞，其细胞质中含有数量不等的蓝色颗粒（吞入含台盼蓝染料的淀粉肉汤形成的吞噬泡），这就是吞噬细胞。鸡红细胞为淡黄色，椭圆形，有核。移动玻片标本，可观察到巨噬细胞吞噬鸡红细胞的基本过程：有的鸡红细胞（一个至多个）紧贴于巨噬细胞表面；有的巨噬细胞已将一至数个鸡红细胞部分吞入；有的巨噬细胞已吞入了一个或几个红细胞，形成椭圆形吞噬泡；有的巨噬细胞内的吞噬泡已与溶酶体融合正在被消化，体积缩小呈圆形。

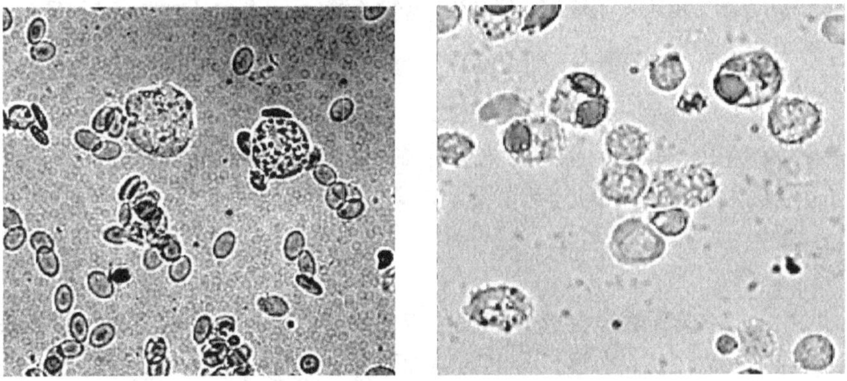

图 13-1　巨噬细胞吞噬鸡红细胞的基本过程

【注意事项】

（1）1%鸡红细胞悬液以离心后的血细胞比容进行配制。

（2）用左手抓小白鼠两耳和头颈皮肤前，让小白鼠四肢抓住物体，下手部位要准确、动作迅速、力度适中。力度太轻抓不牢，小白鼠转动头部，易咬人，力度太重小白鼠可能致死。腹腔注射前，用左手指固定好小白鼠的尾巴与四肢，以免被抓伤。

（3）小白鼠腹腔注射时从小白鼠腹部后 1/2 处的外侧进针，呈 45° 角刺入腹腔。进针勿过深，否则易损伤肝脏及血管，造成出血致死。

（4）取腹腔液装片，若观察到细胞太密集或聚集成堆可加少量生理盐水稀释后再观察。

【作业】

（1）在高倍镜下绘出不同吞噬阶段的巨噬细胞图各一张（如鸡红细胞附于巨噬细胞表面、部分吞入红细胞、吞入形成吞噬泡和吞噬泡已开始被消化分解等），示吞噬作用的基本过程。

（2）概述诱导小鼠腹腔产生巨噬细胞的原理。

附：试剂配制

（1）0.85%生理盐水：8.5g 氯化钠（AR）溶解在 1000ml 蒸馏水中。

（2）Alsever 溶液：称取葡萄糖 2.05g、柠檬酸钠（$Na_9C_6H_5O_7·2H_2O$）0.80g、柠檬酸（$C_6H_6O_7$）0.05g、氯化钠 0.42g，分别加入 100ml 蒸馏水溶解，调 pH 至 7.2，过滤灭菌或高压灭菌 10min，置 4℃冰箱保存。

（3）4%台盼蓝染液：台盼蓝（Trypan blue）染粉 0.4g 溶解于 100ml 0.85%生理盐水中。

（4）6%淀粉肉汤（含台盼蓝染液）：称取牛肉膏 0.3g、蛋白胨 1.0g、氯化钠 0.5g，分别加入 100ml 蒸馏水溶解，加热后加入可溶性淀粉 6.0g，促使溶解，再煮沸灭菌，置 4℃冰箱保存。用时水浴融化，加入适量 4%台盼蓝染液混匀，使呈蓝色。

实验十四 DNA 的细胞化学——Feulgen 反应

【实验目的】

（1）学习 DNA 的 Feulgen 染色方法，了解 Feulgen 反应原理。

（2）了解 DNA 在细胞中的分布情况。

【实验原理】

DNA 是由许多单核苷酸聚合成的多核苷酸，每个单核苷酸又由磷酸、脱氧核糖和碱基构成。DNA 经 1mol/L HCl 水解，其上的嘌呤碱和脱氧核糖之间的双键打开，使脱氧核糖的第一碳原子上形成游离的醛基，这些醛基与 Schiff 试剂反应。Schiff 试剂是由碱性品红和偏重亚硫酸钠相互作用形成的无色品红溶液，当无色品红与醛基结合时形成紫红色的化合物。因此，凡有 DNA 的地方，都能显示紫红色。紫红色的产生，是由于反应产物的分子内含有醌基，醌基是一个发色基团，所以具有颜色。材料不经过水解或预先用热的三氯乙酸或 DNA 酶处理，得到的反应是阴性的，从而证明了 Feulgen 反应的专一性。

【实验用品】

器具：显微镜、剪刀、镊子、解剖针、染色缸、载玻片、盖玻片、吸水纸、恒温水浴箱、小烧杯（10ml）。

试剂：Carnoy 固定液、Schiff 试剂、1mol/L HCl、亚硫酸水溶液（10%NaS_2O_5）、0.2mol/L 乙酸缓冲液（pH 4.8）。

材料：洋葱鳞茎。

【实验方法和步骤】

（1）取材：取洋葱根尖和洋葱表皮于 1mol/L 的 HCl 中浸 1min。

（2）水解：将材料放入预热至 60℃的 1mol/L HCl 中水解 8min。

（3）染色：转入 Schiff 试剂中，在常温下染色 30min，根尖前端变为深红色。

（4）漂洗：在新配制亚硫酸溶液中洗两次，每次 1min；漂洗 2min 后，在载玻片上切下深红色根尖备用。

（5）压片：加一滴 0.2mol/L 乙酸缓冲液在载玻片上，将根尖放入其中，盖上盖玻片压片。

（6）观察：有 DNA 的细胞核和染色体呈红色，其余部分无明显颜色。

【实验结果】

Feulgen 反应（阳性反应）的洋葱内表皮细胞的细胞核被染成紫红色，细胞其余部分无色透明。对照（阴性反应）的洋葱内表皮细胞的细胞核无紫红色。

【注意事项】

（1）Feulgen 反应通常用稀酸进行水解，但水解的时间一定要适当。如果水解时间不够，反应就会变弱；如果水解时间过长，或水解地过于剧烈，则脱氧核糖也易掉下来，反应也会减弱。用 Carnoy 固定液固定的材料，水解时间一般为 8～15min。但是水解时间的长短也要视标本的类型（如厚薄等）、固定剂的性质及酸的浓度而定。

（2）漂洗时，所用的亚硫酸溶液最好在每次实验前临时配制，以便保持较浓的 SO_2。

（3）操作过程中用镊子镊取根尖的生长区部位，切勿夹取根冠部位。

【作业】

（1）Feulgen 反应中，为什么要用 HCl 水解？

（2）绘图描述所观察到的结果。

（3）根据实验观察，说明 DNA 和 RNA 主要分布在哪些部位？

附：试剂配制

（1）Carnoy 固定液：3 份 95%乙醇、1 份冰乙酸。

（2）Schiff 试剂：称取 1g 碱性品红（basic fuchsin）于 250ml 的烧杯中，加入 200ml 刚煮沸的蒸馏水，充分搅拌溶解，待溶液冷却到 50℃时，过滤到磨口棕色瓶中，加入 1mol/L HCl 20ml。冷却到 25℃时加入 1g 偏重亚硫酸钾（$K_2S_2O_5$）或偏重亚硫酸钠（NaS_2O_5），充分振荡后盖紧瓶塞。次日取出，呈淡黄色或近于无色，加中性活性炭 0.5g，剧烈振荡 1min。过滤后即得无色品红。保存时需盖紧瓶塞，外包黑纸，储存于 4℃冰箱中（可保存数月或更长时间）。如果液体变红则不宜再使用。

（3）1mol/L HCl：取浓盐酸 8.25ml 加 100ml 的蒸馏水。

（4）亚硫酸水溶液（10%NaS_2O_5）：10% NaS_2O_5 水溶液 5ml、蒸馏水 100ml、1mol/L HCl 5ml，现配现用。

（5）0.2mol/L 乙酸缓冲液（pH 4.8）：取 1.2ml 冰乙酸加蒸馏水 100ml 混匀。再称取 2.72g 乙酸钠（$NaAc \cdot 2H_2O$）溶于 100ml 蒸馏水中，使用时两种液体按 2∶3 比例混合。

实验十五　细胞中多糖和过氧化物酶的定位观察

【实验目的】

掌握显示细胞中多糖和过氧化物酶反应的原理和方法。

【实验原理】

高碘酸-希夫试剂反应简称为 PAS 反应，主要是利用高碘酸作为强氧化剂，这种强氧化剂能打开 C—C 键，使多糖分子中的乙二醇变成乙二醛，氧化所得到的醛基与希夫（Schiff）试剂反应形成紫红色化合物（图 15-1）。颜色的深浅与糖类的多少有关。

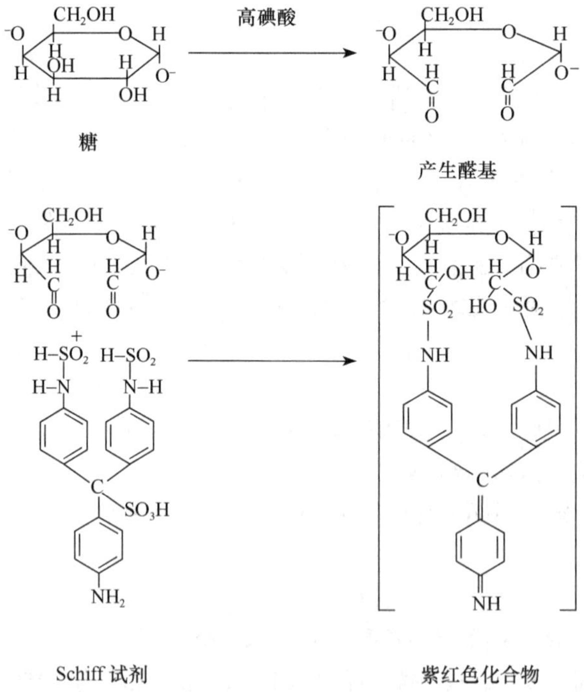

图 15-1　PAS 反应过程

细胞内的过氧化物酶能把联苯胺氧化为蓝色或棕色络合物，根据蓝色或棕色的出现来表示过氧化物酶的存在。

【实验用品】

器具：显微镜、镊子、染色钵、刀片、载玻片、盖玻片、吸水纸等。

试剂：高碘酸溶液、Schiff 试剂、亚硫酸溶液、70%乙醇、联苯胺溶液、0.1%钼酸铵溶液。

材料：马铃薯块茎、洋葱根尖或洋葱鳞茎。

【实验方法和步骤】

1. 细胞中多糖的测定：PAS 反应

（1）把马铃薯块茎用双面刀片徒手切成薄片。
（2）浸于高碘酸溶液 5～15min。
（3）移入 70%乙醇中浸片刻。
（4）Schiff 试剂染色 15min。
（5）亚硫酸溶液洗三次，每次 1min。
（6）蒸馏水洗片刻。
（7）装片镜检。

2. 细胞中过氧化物酶的测定：联苯胺反应

（1）把洋葱根尖徒手切成 20～40μm 厚的薄片，或用镊子撕取洋葱鳞茎内表皮一小块。
（2）浸在 0.1%钼酸铵的溶液中 5min（钼酸铵的作用是催化剂）。
（3）浸在联苯胺溶液内 2min 至切片出现蓝色。
（4）在 0.85%盐水溶液中洗 1min。
（5）将薄片置于载玻片上展开，盖上盖玻片，显微镜检查。

【实验结果】

多糖定位观察实验结果见图 15-2，紫红色显示为多糖被高碘酸氧化所得到的醛基与 Schiff 试剂反应形成紫红色化合物。过氧化物酶细胞定位观察结果见图 15-3，蓝色或棕色显示为洋葱内表皮细胞内的过氧化物酶能把联苯胺氧化为蓝色或棕色络合物。

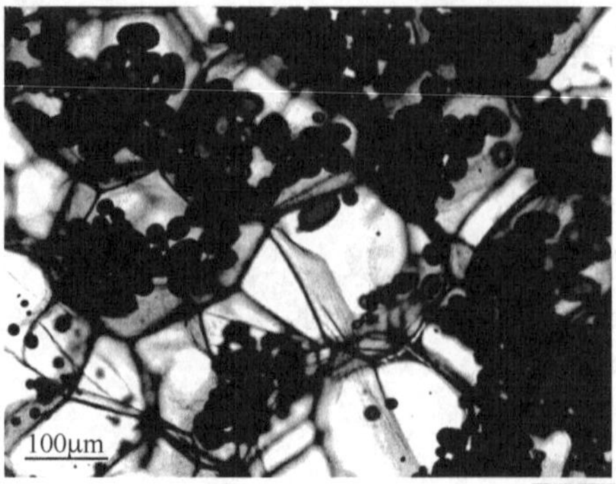

图 15-2 马铃薯多糖定位观察（图版Ⅱ-1）

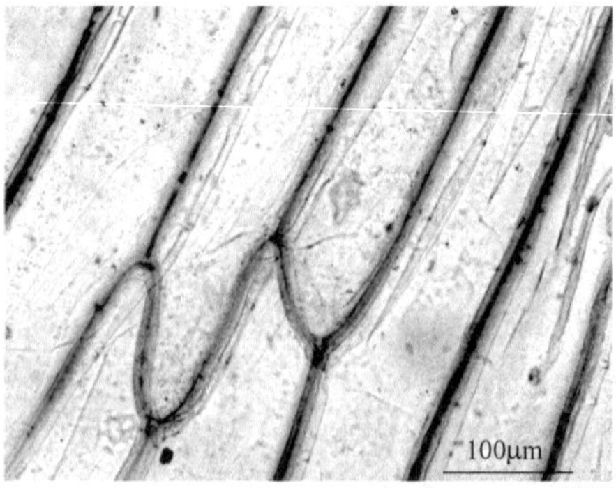

图 15-3 洋葱内表皮过氧化物酶细胞定位观察（图版Ⅱ-2）

【注意事项】

（1）马铃薯切片尽量薄，切片太厚易显示红色一片，看不到细胞形态，镜检时可找切片边沿部位观察。

（2）过氧化物酶染色要控制好时间，否则容易染色过深看不到细胞形态。

（3）用洋葱内表皮做材料进行染色时，由于氧化作用会出现细小气泡，在制片时可轻压盖玻片去掉气泡，使易于观察。

【作业】

（1）简述 PAS 反应及联苯胺反应的原理。

（2）绘图展示细胞中多糖及过氧化物酶的分布。

附：试剂配置

（1）高碘酸溶液：高碘酸（$HIO_4 \cdot 2H_2O$）0.4g、95%乙醇 35ml、1/3mol/L 乙酸钠溶液（2.72g 乙酸钠溶于 100ml H_2O）5ml、蒸馏水 10ml。

（2）Schiff 试剂：称取 0.5g 碱性品红加入到 100ml 煮沸的蒸馏水中，不停振荡，继续煮 5min（勿沸腾），使之充分溶解。然后冷却到 50℃时用滤纸过滤，溶液中加入 10ml 1mol/L HCl，冷却到 25℃时，加入 0.5g 偏重亚硫酸钠或偏重亚硫酸钾，充分振荡后，塞紧瓶塞，在室温暗处静置至少 24h（有时 2～3 天），使其颜色褪至淡黄色，然后加入 0.5g 活性炭，用力振荡 1min，最后用粗滤纸过滤于棕色瓶中，封紧瓶塞，外包黑纸。滤液应为无色，无沉淀，贮于 4℃冰箱备用。如有白色沉淀，就不能再使用；如颜色变红，可加入少许偏重亚硫酸钠（或偏重亚硫酸钾），使之再转变成无色时，仍可再用。

（3）亚硫酸水溶液：取 200ml 自来水，加 10ml 10%偏重亚硫酸钠（或偏重亚硫酸钾）水溶液和 10ml 1mol/L HCl，使用前三者混匀。

（4）联苯胺溶液：在 0.85%盐水内加入联苯胺至饱和为止，临用前加入 20%体积的 H_2O_2，每 2ml 加一滴。

（5）0.1%钼酸铵溶液：称取 0.1g 钼酸铵溶于 100ml 0.85%盐水。

实验十六　线粒体和液泡系的超活染色与观察

【实验目的】

（1）观察动物、植物活细胞内线粒体、液泡系的形态、数量与分布。

（2）学习有关细胞器的超活染色技术。

【实验原理】

活体染色是指对生活有机体的细胞或组织能着色但又无毒害的一种染色方法。它的目的是显示生活细胞内的某些结构，而不影响细胞的生命活动和产生任何物理、化学变化以致引起细胞死亡。活体染色技术可用来研究生活状态下的细胞形态结构和生理、病理状态。

根据所用染色剂的性质和染色方法的不同，通常把活体染色分为体内活体染色与体外活体染色两类。体内活体染色是以胶体状的染料溶液注入动物、植物体内，使染料的胶粒固定、堆积在细胞内某些特殊结构里，达到易于识别的目的。体外活体染色又称为超活体染色，它是从活的动物、植物中分离出部分细胞或组织小块，以染料溶液浸染，染料被选择固定在活细胞的某种结构上而显色。

活体染料之所以能固定、堆积在细胞内某些特殊的部分，主要是染料的“电比学”特性起着重要作用。碱性染料的胶粒表面带有阳离子，酸性染料的胶粒表面带有阴离子，而被染的部分本身也是具有阴离子或阳离子，这样，它们彼此之间就发生了吸引作用。但不是任何染料都可以作为活体染色剂使用，应选择那些对细胞无毒性或毒性极小的染料；而且总是要配成极稀的溶液来使用。一般以碱性染料最为适用，可能因为它具有溶解在类脂质（如卵磷脂、胆固醇等）中的特性而易于被细胞吸收。詹纳斯绿 B（Janus green B）和中性红（neutral red）两种碱性染料是活体染色剂中最重要的染料，对线粒体和液泡系的染色各有专一性。

线粒体是细胞进行呼吸作用的场所，詹纳斯绿 B 可专一性地对线粒体进行超活体染色是由于线粒体内的细胞色素氧化酶系的作用，使染料始终保持氧化状态（有色状态）而呈蓝绿色；而线粒体周围的细胞质中，这些染料被还原为无色的色基（无色状态）。

中性红为弱碱性染料，对液泡系的染色有专一性，只将活细胞中的液泡系染成红色，细胞核与细胞质完全不着色，这可能与液泡中的某些蛋白质有关。

活体染色在进化生物学、细胞遗传学、肿瘤遗传学及临床医学等方面都有广泛的应用。

【实验用品】

器具：普通显微镜、恒温水浴锅、电子天平、恒温培养箱、超声波清洗机、电磁炉、解剖盘、剪刀、镊子、刀片、载玻片、凹面载玻片、盖玻片、吸管、牙签、吸水纸、擦镜纸、移液管、细口瓶、广口瓶、滴瓶、洗瓶、漏斗、玻璃棒、定性滤纸、烧杯、容量瓶、滴管、量筒、水银温度计。

试剂：Ringer 溶液；10%、1/3000 中性红溶液；1%、1/5000 詹纳斯绿 B 溶液。

材料：人口腔上皮细胞、黄豆［*Glycine max*（L.）Merr］。

【实验方法和步骤】

1. 人口腔黏膜上皮细胞线粒体的超活染色观察

（1）取清洁载玻片放在 37℃恒温水浴锅的金属板上，滴 2 滴 1/5000 詹纳斯绿 B 染液。

（2）实验者用牙签宽头在自己口腔颊黏膜处稍用力刮取上皮细胞，将刮下的黏液状物放入载玻片的染液滴中，染色 10～15min（注意不可使染液干燥，必要时可再加滴染液），盖上盖玻片，用吸水纸吸去四周溢出的染液，置显微镜下观察。

（3）在低倍镜下选择平展的口腔上皮细胞，换高倍镜或油镜进行观察，可见扁平状上皮细胞的核周围细胞质中分布着一些被染成蓝绿色的颗粒状或短棒状的结构，这就是线粒体。

2. 植物细胞液泡系的超活染色与观察

（1）实验前，把黄豆培养在培养皿内潮湿的滤纸上，使其发芽、胚根伸长到 1cm 以上。

（2）用双面刀片把初生的黄豆幼苗根尖（1～2cm 长）小心切一纵切面，放入载玻片上的 1/3000 中性红染液滴中，染色 5～10min。

（3）吸去染液，滴一滴 Ringer 液，盖上盖玻片，并用镊子轻轻地下压盖玻片，使根尖压扁，利于观察。

（4）在高倍镜下，先观察根尖部分的生长点细胞，可见细胞质中散在很多大小不等的染成玫瑰红色的圆形小泡，这是初生的幼小液泡。然后，由生长点向延长区观察，在一些已分化长大的细胞内，液泡的染色较浅，体积增大，数目变少。在成熟区细胞中，一般只有一个淡红色的巨大液泡占据细胞的绝大部分，将细胞核挤到细胞一侧贴近细胞壁处。

从以上的观察结果，思考植物细胞液泡系的形态演化情况。

【实验结果】

实验结果见图 16-1、图 16-2。

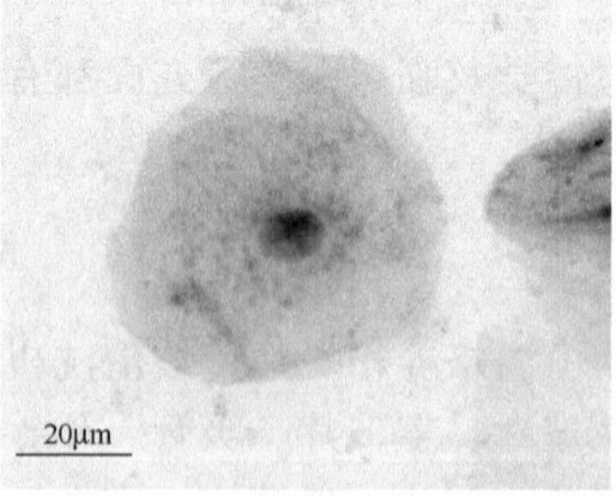

图 16-1 人口腔上皮细胞线粒体

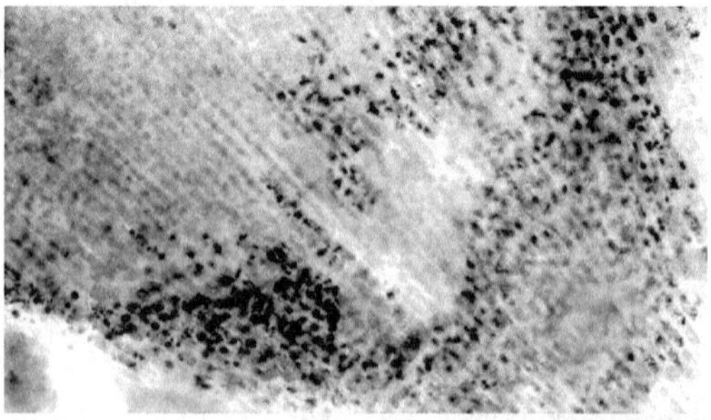

图 16-2 黄豆根尖细胞液泡系（图版 I-14）

【注意事项】

（1）人口腔黏膜上皮细胞线粒体染色 10～15min 时注意不可使染液干燥，必要时可再加滴染液。

（2）在制备黄豆根尖制片时，为便于操作，应先对黄豆幼苗根尖纵切，再横切。

（3）在对根尖进行压扁时力度要适中，力过大会导致根尖破碎，力过小则根尖过厚透光差。

【作业】

（1）绘口腔上皮细胞图，展示线粒体形态与分布。

（2）绘根尖细胞图，展示液泡系形态与分布。

附：试剂配制

（1）Ringer 溶液：氯化钠 0.85g、氯化钾 0.25g、氯化钙 0.03g、蒸馏水 100ml。

（2）10%、1/3000 中性红溶液：称取 0.5g 中性红溶于 5ml Ringer 溶液，稍加热（30～40℃）使之很快溶解，用滤纸过滤，装入棕色瓶于暗处保存，否则易氧化沉淀，失去染色能力。临用前，取已配制的 10%中性红溶液 1ml，加入 29ml Ringer 溶液混匀，装入棕色瓶备用。

（3）1%、1/5000 詹纳斯绿 B 溶液：称取 50mg 詹纳斯绿 B 溶于 5ml Ringer 液中，稍微加热（30～40℃），使之溶解。用滤纸过滤后即为 1%原液。使用时取 1%原液 1ml，加入 49ml Ringer 溶液，即成 1/5000 工作液，装入瓶中备用。最好现用现配，以保持它的充分氧化能力。

实验十七 细胞核仁组织区的银染色法

【实验目的】

（1）了解银染显示核仁组织区的原理和方法。

（2）了解核仁组织区在细胞中的分布情况。

（3）掌握细胞核仁组织区标本的制备和银染显示核仁组织区的技术。

【实验原理】

核仁组织区（NOR）就是染色体上编码 5.8S rRNA、18S rRNA 和 28S rRNA 的基因（rDNA）所在的部位。在间期细胞中，这一区域的染色质参与形成核仁；在中期染色体上，这一区域比其他染色质更疏松，因而被淡染，即表现为次缢痕结构。

Goodpasture 和 Bloom 在 1975 年提出银染核仁组织区 Ag-As 的方法技术。应用这种技术使人类、哺乳动物、两栖动物、植物等的核仁组织区特异性染为黑色。这种银染色阳性的核仁组织区称为 Ag-NOR。

银染核仁组织区的原理可能是由于核仁组织区在间期转录时产生一种与转录活动有关

的酸性蛋白，此蛋白质可保留至中期；由于这些蛋白质具有 S—H 键和 S—S 键，容易将 Ag^{+}还原为 Ag 的颗粒，从而在活性的核仁组织区镀上银，呈现为黑色的区域。所以，银染法可在中期染色体上显示具有转录活性的核仁组织区数目和染色的深黑程度。核仁组织区的数目具有多态性和物种特异性，其染色的深黑程度可以反映基因的活性高低。因此，核仁组织区在进化生物学、细胞遗传学、肿瘤遗传学及临床医学等方面都有广泛的应用。

【实验用品】

器具：生物显微镜、恒温水浴锅、电子天平、切片架、切片盒、镊子、培养皿、烧杯、吸管、试剂瓶、擦镜纸。

试剂：50%硝酸银溶液、2%明胶溶液（明胶显影液）。

材料：两栖动物（瑶山髭蟾）或小白鼠骨髓细胞染色体制片不经染色留用的标本片。

【实验方法和步骤】

（1）把大培养皿放入水浴中，升温至 65～70℃，同时用烧杯预热蒸馏水。

（2）将标本片平放在预热的培养皿垫枕上，用 50%硝酸银溶液与 2%明胶溶液以 2:1 混匀后立刻滴加到染色体制片上，覆以盖片（或擦镜纸）。

（3）待反应液由无色透明变黄色，最后变成棕褐色后（2～4min），立即取出载片，用预热的蒸馏水彻底冲洗，自然晾干或用电吹风机吹干。

（4）镜检。先在低倍镜下调焦距并找到观察对象，再换高倍镜和油镜仔细观察并记录、画图。

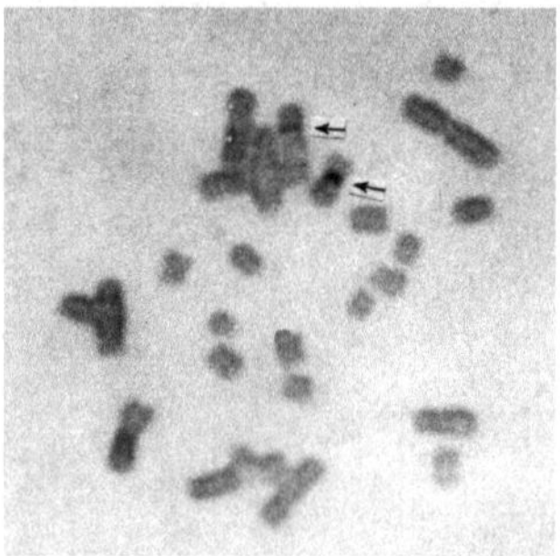

图 17-1 瑶山髭蟾的 Ag-NOR

【实验结果】

实验结果见图 17-1，箭头所示黑色即为瑶山髭蟾（*Vibrissa phora* Yaoshanensis Liu et Hu）两条染色体上的核仁组织区。染色适度的片子，染色体为金黄色，核仁组织区为黑色。

【注意事项】

（1）用于 Ag-NOR 染色的染色体标本最好是新鲜制备的，以一周以内的制片为好，同时制片内要求有众多的分裂象。

（2）银染用的两种反应液最好新配，一时用不完可装入棕色瓶中，冰箱 4℃保存，但不得超过 10 天。

（3）配制和使用硝酸银溶液时要格外小心，不要滴洒在地上、桌上及手上等处，氧化为黑色的污点极难除去。

（4）在明胶中添加甲酸可促进反应过程（2g 明胶＋99ml 蒸馏水＋1ml 甲酸）。

【作业】

（1）在油镜下绘制一张细胞中期分裂象图，显示 Ag-NOR 的位置、数目和形态。

（2）核仁组织区与核仁的形成和核糖体的产生有什么关系？

附：试剂配制

（1）50%硝酸银溶液：5g 硝酸银（AR）溶解在 10ml 蒸馏水中，保存在铝箔包裹的玻璃容器内，可稳定保存 1 年。

（2）2%明胶溶液（明胶显影液）：2g 明胶粉末溶解在 99ml 蒸馏水中，加 1ml 甲酸。

实验十八　细胞的有丝分裂与减数分裂观察

Ⅰ．细胞有丝分裂观察

【实验目的】

（1）学习植物根尖有丝分裂制片技术。

（2）了解和辨别有丝分裂各个时期的染色体特征。

（3）掌握染色体的观察和计数方法。

【实验原理】

在高等植物体内，有丝分裂常见于根尖、芽尖等分生区细胞，有丝分裂的不同时期细胞内染色体的行为变化不同，根据各个时期内染色体的变化情况不同，从而判断该细胞处于有丝分裂的哪一时期。细胞核内的染色体（质）易被碱性染料染色，可在高倍镜下观察。

【实验用品】

器具：显微镜、恒温箱、载玻片、盖玻片、染色缸、试剂瓶、酒精灯、镊子、剪刀、纱布、吸水纸。

试剂：无水乙醇、45%乙酸、卡诺固定液（无水乙醇：冰乙酸＝3：1）、1mol/L 盐酸、蒸馏水、1%醋酸洋红、改良品红。

材料：洋葱（*Alium cepa* L.）或大蒜［*AllIUm sativum* L.（Garlic）］的根尖。

【实验方法和步骤】

（1）材料培养：选择健康正常的洋葱鳞茎，用刀片削去鳞茎根部干死部分，然后置于盛有水的烧杯，待不定根长出 2cm 时即可取材。

（2）解离：用浓盐酸和无水乙醇的混合液（比例为 1：1）室温下处理根尖 10min，经过解离使分生组织细胞间的果胶质分解，细胞壁软化，使细胞和染色体容易分散压平。不同材料解离时间不同、解离程度不一样，需先进行一定的预实验确定解离时间。

（3）漂洗：经解离后的根尖变酥软后，用镊子取出，放入清水中清洗后，放在载玻片上。

（4）制片：将伸长区以上的部位切去，保留分生组织细胞，并将生长点细胞切成细碎组织，用龙胆紫或醋酸洋红液染色 10～15min，着色后压片。

（5）观察：在显微镜下观察所得玻片，仔细观察染色体和细胞的形态特征。

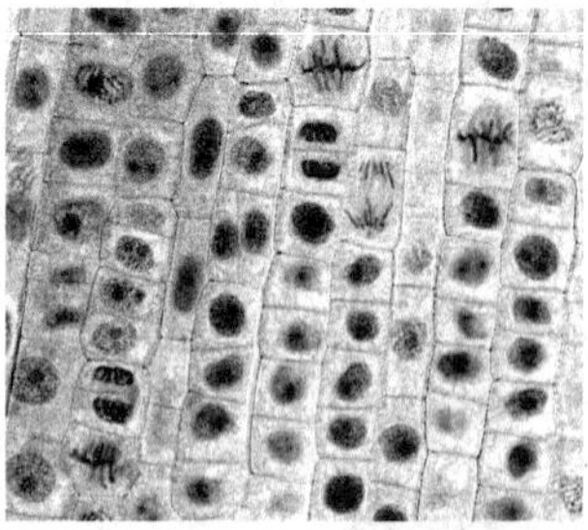

图 18-1 洋葱根尖细胞有丝分裂图（图版 II-3）

【实验结果】

洋葱根尖细胞有丝分裂过程见图 18-1。

【注意事项】

（1）根尖培养的好坏是本实验能否成功的关键之一，实验前准备足够的种子发根，并选饱满、生活力强的主根作为实验材料。

（2）解离时要将根尖细胞杀死，细胞间质被溶解，使细胞容易分离。

（3）压片一定要用力均匀，垂直瞬间用力，这样得到的染色体才能在一个水平面上。

【作业】

（1）在上述实验过程中，解离的作用是什么？

（2）绘出所观察到的有丝分裂各时期的图像。

Ⅱ．细胞减数分裂观察

【实验目的】

（1）学习植物细胞减数分裂制片技术。

（2）了解和辨别减数分裂各个时期的染色体形态结构与数目变化。

【实验原理】

减数分裂是生物体在性母细胞成熟时，配子形成过程中发生的一种特殊的细胞分裂。染色体复制一次，细胞连续分裂两次，子细胞染色体数目是母细胞染色体数目的一半。

【实验用品】

器具：显微镜、镊子、解剖针、盖玻片、载玻片、大培养皿、酒精灯、吸水纸。

试剂：无水乙醇、冰乙酸、改良苯酚品红染色液、固定液（甲醇：冰乙酸＝3：1）。

材料：华南紫萁（*Osmunda vachelii* Hook.）（$2n=22$）嫩孢子囊，或玉米（$2n=20$）花药、蚕豆（$2n=12$）花药、小麦（$2n=42$）花药、大葱（$2n=16$）花药、洋葱（$2n=16$）花药和番茄（$2n=24$）花药等。

【实验方法和步骤】

1. 材料准备

一般在 4 月中旬采集嫩孢子囊，上午或下午采集对减数分裂影响不大；把嫩孢子囊直接投入 Carnoy 固定液（无水乙醇：冰乙酸＝3：1）固定 3h，用 95%乙醇洗两次，放入 70%的乙醇中保存。

2. 实验步骤

（1）直接取少许固定好的材料于载玻片上。

（2）滴一滴改良苯酚品红染液在材料上，静置 1～3min，然后在酒精灯上轻微加热，不可至沸。

（3）加盖玻片，制片观察。

【实验结果】

采用常规压片法即可观察到华南紫萁孢子母细胞减数分裂的各个时期，从而可以了解减数分裂的整个过程（图 18-2），其中终变期染色体的各种形态非常典型和清晰，有 22 条二价体，由 I（棒）形、V 形、X 形和 O 形组成。I（棒）形、V 形及 X 形可能由只有一臂有交叉的具有近端或近中部着丝粒的同源染色体的非姐妹染色单体之间形成的，O 形则可能由两臂各有一交叉的具有近中部或中部着丝粒的同源染色体的非姐妹染色单体之间形成的。

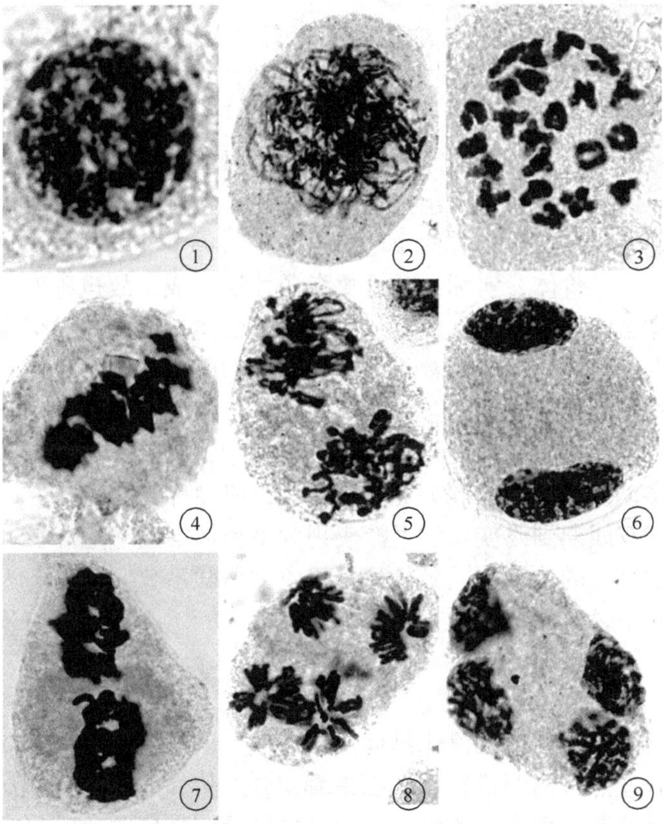

图 18-2 华南紫萁孢子母细胞减数分裂

【注意事项】

减数分裂的全过程中能观察染色体的时间很短，因此，采到合适的嫩孢子囊是观察花粉母细胞减数分裂的关键步骤，一般可从孢子囊的颜色来判断取材的时间。

【作业】

（1）绘制观察到的植物花粉母细胞减数分裂不同时期的典型细胞（染色体动态特征）。

（2）在双线期可以观察到交叉现象具有什么遗传学意义？

附：减数分裂各时期要点

1. 前期Ⅰ

减数分裂前期Ⅰ时间较长且复杂，人们根据细胞及染色体的形态变化特点，将前期Ⅰ划分为下列5个时期。

（1）细线期：第一次分裂开始时，染色质浓缩为若干条细长的细线相互缠绕首尾难分，无法计数。此时染色体已在分裂周期的S期复制。每一染色体已有两个染色单体，但在细线期的染色体上还看不出双重性。

（2）偶线期：染色体的形态与细线期没有多大变化。同源染色体之间相互吸引而发生配对，先由两端开始，渐次到中部，这种配对是专一性的。此时期很短，往往不易找到。

（3）粗线期：配对的染色体逐渐缩短加粗。可以数到单倍数目的染色体数，即原来是 $2n$ 个染色体，经配对后形成几组染色体，每一组含有两条同源染色体，这种配对的染色体称为二价体，每个二价体有两个着丝点。由于每个染色体早已复制为二，所以配对的每对染色体——二价体，实际由4个染色单体所组成，故也称四分体。同源染色体的非姐妹染色单体之间发生节段互换，从而导致杂合体基因之间的交换与重组。

（4）双线期：染色体缩得较短较粗。二价体中的两个同源染色体开始相互排斥而分开，有时能清楚的见到四分体的各条线。不过在染色体发生互换的地点仍然连在一起，构成交叉结，是染色体发生交换的结果。在双线期中，交叉数目逐渐减少，在着丝点两侧的交叉向两端移动，这个现象称为交叉移端化，或简称为端化。

（5）终变期：双线期到终变期的过渡表现为染色体继续缩短和交叉移端。典型的终变期，染色体达到高度的浓缩，同源染色体仍由交叉联系着，所以仍为 n 个二价体分散在细胞核中。此时染色体计数最为方便准确。

2. 中期Ⅰ

核膜和核仁已消失，各个二价体排列在赤道板上，成对染色体的着丝点朝向两极，纺锤丝出现，把着丝点拉向两极。从侧面来看，各二价体成排横列在纺锤体中部；从极面来看，二价体呈分散排列在赤道面上，这时也是鉴别染色体的适当时期。

3. 后期Ⅰ

双价体中的两条同源染色体分开，分别向两极移动。随着丝点位置不同，后期染色体呈现各种不同的形状（L 形、V 形及棒形等）。由于此时每个染色体的着丝点尚未分裂，带着两条染色单体，每极各有 n 个染色体，所以在后期Ⅰ时染色体数减少了。

4. 末期Ⅰ

移向两极的染色体又聚合起来，核膜重建，核仁重新形成，接着进行胞质分裂，成为两个子细胞，染色体渐渐解开螺旋，纤丝螺旋折叠程度降低，又变成细丝状。这里要注意末期Ⅰ与有丝分裂末期的区别：末期Ⅰ的染色体只有 n 条，但每条染色体具有两个染色单体；而有丝分裂末期的染色体有 $2n$ 条，每条只有一个染色单体（子染色体）。

通常在末期Ⅰ后，紧接着进入减数分裂Ⅱ前期Ⅱ，也有的经过一个短暂的间期。减数分裂Ⅱ和一般有丝分裂十分相似，也可以分为 4 个时期。

（1）前期Ⅱ：前期Ⅱ的情况完全与有丝分裂前期一样，也是每一染色体具有两条染色单体，所不同的是只有 n 条染色体。着丝点还连在一起，染色体臂张开。

（2）中期Ⅱ：可以看到缩短了的具有两个染色单体的染色体又整齐地排列在各个分裂细胞的赤道板上。

（3）后期Ⅱ：每个染色体的着丝点纵裂，姐妹染色单体开始分向两极。

（4）末期Ⅱ：趋向两极的染色体形成新的细胞核，形成 4 个子细胞，每个子细胞只有 n 条染色单体。

实验十九 植物染色体标本的临时制备与观察

【实验目的】

学习并掌握常规压片法制备植物染色体标本的基本原理和方法。

【实验原理】

1921 年 Belling 提出植物染色体压片技术后，压片法已成为植物染色体研究中最广泛应用的常规技术。该方法操作快速简便、省材省时，以人工外加机械压力使染色体分散。常用分生组织，如根尖、茎尖和嫩叶作为材料制备植物染色体标本。常规压片法仍是当今观察植物染色体常用的方法，其程序包括取材、预处理、固定、解离、染色和压片等步骤。

【实验用品】

器具：生物显微镜、生化培养箱、冰箱、电子天平、恒温水浴锅、青霉素瓶、温度计镊子、培养皿、烧杯、吸管、擦镜纸、剪刀、解剖刀、滤纸、铅笔（带橡皮头）或牙签、油性笔、载玻片、盖玻片。

试剂：乙醇、冰乙酸、0.05%秋水仙素、无水乙醇、1mol/L HCl、改良苯酚品红染色液。

材料：洋葱（*Allium cepa* L.）。

【实验方法和步骤】

1. 材料培养

取一洋葱鳞茎置于盛满清水的小烧杯上，室温下培养 2～3 天，待根长至 1～2cm 时即可进行预处理，也可直接进行固定。

2. 预处理

为了有利于对有丝分裂中染色体的观察和计数，在固定之前应用理化因素进行预处理，这样可以改变细胞质的黏度、抑制或破坏纺锤丝的形成、促使染色体缩短和分散等。一般是在细胞分裂高峰前处理 1.5h 以上，处理的方法如下所述。

（1）秋水仙素水溶液：常用浓度为 0.05%～0.2%，室温下处理 2～4h，对抑制纺锤体活动的效果明显，易于获得较多的中期分裂象，并且染色体收缩较直，有利于对染色体结构的研究。

（2）对二氯苯饱和水溶液：室温下处理 3～5h，对阻止纺锤体活动和缩短染色体效果也较好，对染色体小而多的植物而言，采用本方法效果最好。

（3）8-羟基喹啉水溶液：使用浓度为 0.002～0.004mol/L，一般认为它将引起细胞黏度的改变，进而导致纺锤体活动受阻。通常处理 2～4h 可使中期染色体在赤道面上保持其相应的排列位置。另外，其处理后的缢痕区较为清晰。

（4）低温处理：将材料，如小麦浸入蒸馏水内，放置到 1～4℃冰箱中处理 20～24h，也具有良好的效果。

3. 固定

用水洗净处理过的根尖，经乙醇-冰乙酸（3∶1）固定 6～12h，再经 95%、85%乙醇各处理 30min，最后转入 70%乙醇中，4℃保存备用。

4. 解离

取出根尖，用蒸馏水洗净，放入 1mol/L HCl 中 60℃解离 8～10min，再用蒸馏水洗两次，每次 3～5min。

5. 染色

把处理好的根尖放在载玻片上，切取乳白色的分生区，用镊子轻轻捣碎，滴上一滴改良苯酚品红染液，染色 1～2min 后盖上盖玻片。

6. 压片

在盖玻片上铺一张吸水纸，左手指压住吸水纸的左边，右手指从吸水纸的左端向右方轻轻抹去，固定好盖玻片，用拇指垂直压片，弃掉吸水纸，用铅笔橡皮头（或牙签）在盖片上垂直轻轻敲打，使细胞和染色体均匀分散。

7. 镜检

先用中倍镜观察压片中细胞的分散状况和中期分裂象的多少，再检查分裂中期细胞中的染色体是否完全分开，然后转用高倍镜计数分散开的中期染色体。如果操作细心，用力适度，便可得到染色体分散良好的压片标本。

【实验结果】

实验结果见图 19-1，可以看出，洋葱根尖染色体数为 16，染色体呈紫红色。

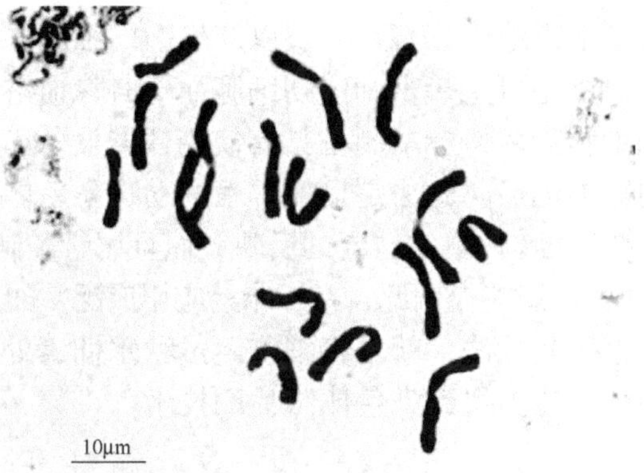

图 19-1　洋葱根尖细胞中期染色体（$2n=16$）
（图版 I-18）

【注意事项】

（1）注意取材时间，应为上午的 9：00～11：00，此时取材分裂象较多。

（2）根尖染色前需辨认出分生区位置，材料稍微干燥再进行染色。

【作业】

（1）预处理中秋水仙素的作用是什么？

（2）固定液的作用是什么？在使用固定液时应注意什么？

附：试剂配制

（1）1mol/L HCl：取密度为 1.19g/ml 的浓 HCl 10ml，加蒸馏水 110ml，混匀。

（2）0.05%秋水仙素：称取 0.01g 秋水仙素溶于 5ml 蒸馏水中，获得 0.2%秋水仙素保存备用。取 1ml 0.2%秋水仙素，加入 3ml 蒸馏水，混匀即为 0.05%秋水仙素。

（3）改良苯酚品红染色液：母液 A：称取 3g 碱性品红，溶于 100ml 70%乙醇中（此液可于 4℃冰箱中长期保存）；母液 B：取A液 10ml，加入 90ml 5%苯酚水溶液（两周内使用）。取母液 B 45ml，加入 6ml 冰乙酸和 6ml 37%甲醛，此为苯酚品红染色液。取苯酚品红染色液 10ml，加入 90ml 45%的乙酸和 1.8g 山梨醇，此液称为改良苯酚品红染色液。放置两周后染色效果较好。

实验二十 蛙类骨髓细胞染色体标本制备

【实验目的】

（1）了解骨髓细胞染色体标本制备原理。

（2）掌握空气干燥法制备蛙类骨髓细胞染色体的方法和技术。

【实验原理】

骨髓造血干细胞通过不断地进行有丝分裂以产生新的细胞，骨髓细胞中有丝分裂的指数是相当高的，从骨髓细胞可直接得到中期细胞而不必像血淋巴细胞那样要经过体外细胞培养。因此，骨髓细胞染色体标本制备具有使用仪器设备简单、不需细胞培养、实验操作简单和实验时间短等优点。此法是目前常用的动物染色体标本制备方法。

由于骨髓细胞染色体是机体内真实情况的反映，而且用骨髓制片的方法易于观察毒性物质在体内对细胞和染色体的影响。因此，在临床上应用广泛，如可用于白血病的研究。

空气干燥法又称为直接制片法，就是将细胞经过秋水仙素处理→低渗处理→充分固定→滴片等步骤之后在载玻片上得到染色体制片的技术。

【实验用品】

器具：冰箱、离心机、恒温水浴箱、生物显微镜及数码显微镜、电子天平、药物天平、试管架、解剖盘、剪刀、解剖刀、镊子、电吹风、切片盒、切片架、离心管、吸管、烧杯、量筒、注射器（1ml、5ml）、5 号针头、载片、小口瓶、滴瓶、酒精灯、研钵、纱布、油性笔。

试剂：0.1%秋水仙素溶液、0.046mol/L KCl 溶液、1%柠檬酸钠溶液、固定液（甲醇：冰乙酸＝3：1）、磷酸缓冲液（PBS 液）、Giemsa 原液。

材料：棘腹蛙（*Rana boulengeri* Guenther）。

【实验方法和步骤】

（1）前处理：用天平称量棘腹蛙的体重，然后按 10μg/g 动物体重的剂量腹腔注射秋水仙素。

（2）取材：注射 4h 后将动物处死，用剪刀剪开皮肤和肌肉，取出完整的大腿骨和胫骨，剔净股骨上的肌肉，然后用一小块纱布来回搓干净。剪开两端股骨，用注射器（内装 5ml 1%柠檬酸钠溶液）缓慢冲洗骨髓细胞到离心管中，经小天平平衡后离心 8min，速率为 1000r/min。

（3）低渗：吸去上清液，留沉淀物 0.2ml，加 0.046mol/L KCl 溶液至 8ml 刻度，用吸管冲匀沉淀物，在恒温水浴（28℃）中处理 20min 或更长时间。

（4）固定：低渗后，以每分钟 1000 转速率离心 10min。用吸管小心吸去上清液，留 0.2ml 沉淀物，冲散后沿管壁慢慢加入 6ml 固定液。冲匀后静止固定 20min。重复固定 1 次或 2 次，离心的速率与时间与上述相同。

（5）滴片：吸去上清液，留 0.2ml 沉淀物，加 4 滴新配的固定液，冲匀沉淀物，制成细胞悬液。从冰箱中取出预先冷冻的载片，每片滴 3 滴细胞悬液，立即用嘴往载片上吹气，使细胞均匀分散。

（6）干燥：在酒精灯火焰上来回烤一下，以助染色体更牢固地稳贴在玻片上，也可不用在酒精灯火焰上烤，待自然干后再染色。

（7）染色：用 10∶1 Giemsa 染液染色 20min（Giemsa 原液用 pH 为 6.8 的磷酸缓冲液稀释），然后用水冲洗，片干后镜检。

（8）镜检：先在低倍镜下调焦距并找到观察对象，在中倍镜下找染色体分散好的中期分裂象后，再换高倍镜和油镜仔细观察并记录、画图。

【实验结果】

实验结果见图 20-1。棘腹蛙的染色体多数是中部着丝点染色体。

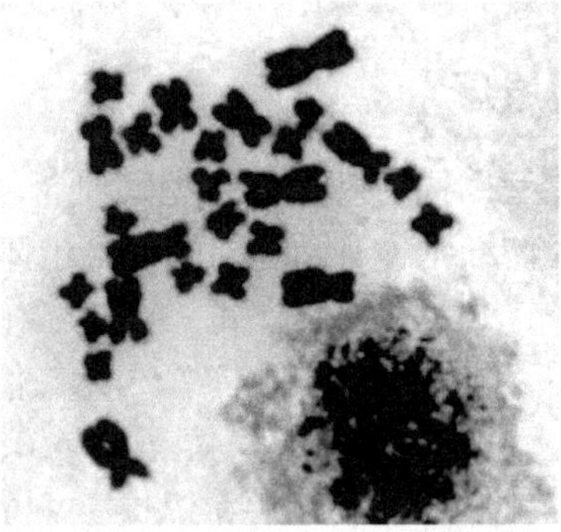
图 20-1　棘腹蛙有丝分裂中期染色体（$2n=26$）

【注意事项】

（1）固定液最好是新鲜制备的，现用现配。

（2）载玻片要现用现取；不宜过早从冰箱取出，以免载玻片温度升高影响制片效果。

（3）滴片的高度要事先用滴管滴清水实验确定，以免过高滴偏或染色体溅在载玻片外，过低则染色体重叠。

（4）先在低倍镜下调焦距并找到观察对象，高倍镜下找到并标记染色体分散好的中期分裂象，在整个载玻片观察标记完后才可换油镜仔细观察并记录、画图。否则，沾有油的载玻片不宜在低、高倍镜下观察。

【作业】

（1）为什么常用骨髓细胞制备动物染色体？

（2）秋水仙素和低渗处理的目的是什么？

（3）选择染色体较集中又不重叠，主缢痕、次缢痕、随体清晰，染色体长度适中的中期分裂象进行显微摄影，通过计算机输出打印图片，为核型分析实验做好准备。

附：试剂配制

（1）0.1%秋水仙素溶液：称取 1mg 秋水仙素于无菌小瓶内，加入无菌 8.5g/LNaCl 溶液 10ml，待完全溶解后，经过滤除菌分装后于 4℃冰箱避光保存。

（2）0.046mol/L KCl 溶液：称取 3.429g KCl，加蒸馏水至 1L。

（3）1%柠檬酸钠溶液：称取 5g 柠檬酸钠，加入蒸馏水使其溶解，定容至 500ml。

（4）固定液：甲醇：冰乙酸=3：1。

（5）磷酸缓冲液（PBS 液）：A 溶液，0.067mol/L Na_2HPO_4，取 $Na_2HPO_4 \cdot 2H_2O$ 11.870g，加蒸馏水至 1L；B 溶液，0.067mol/L KH_2PO_4，取 KH_2PO_4 9.073g，加蒸馏水至 1L。根据用量等量混合 A、B 液即得 pH 为 6.8 的 PBS 液。

（6）Giemsa 原液：称 0.5g Giemsa 粉，丙三醇 33ml，在研钵内用少量丙三醇和 Giemsa 粉混合，研磨直至无颗粒为止，再将剩余丙三醇倒入，56℃下保留 2h 后，加入 33ml 甲醇，保存于棕色瓶中。

实验二十一　动物细胞染色体核型分析

【实验目的】

学习和掌握染色体核型分析的方法。

【实验原理】

核型也称为染色体组型，是指体细胞有丝分裂中期细胞核（或染色体组）的表型。每一个体细胞含有两组同样的染色体，用 $2n$ 表示。其中与性别直接有关的染色体，即性染色体，可以不成对。每一个配子带有一组染色体，称为单倍体，用 n 表示。两性配子结合后，具有两组染色体，成为二倍体的体细胞。例如，蚕豆体细胞 $2n=12$，配子 $n=6$；玉米体细胞 $2n=20$，配子 $n=10$；人类体细胞 $2n=46$，配子 $n=23$。

染色体在复制以后，纵向并列的两个染色单体通过着丝粒联结在一起。着丝粒在染色体上的位置是固定的。由于着丝粒位置的不同，染色体可分成相等或不相等的两臂，形成中间着丝粒、亚中间着丝粒、亚端部着丝粒和端部着丝粒等形态不同的染色体。此外，有的染色体还含有随体或次级缢痕。所有这些染色体的特异性构成一个物种的染色体核型。染色体核型分析是细胞遗传学、染色体工程、现代分类学和进化理论的重要研究手段，也是一种简便的方法。

【实验用品】

器具：放大机、显影盆、游标卡尺、测微尺、剪刀、镊子、计算器、坐标纸、绘图纸、胶水、3 号涂塑放大相纸。

材料：蛙类或洋葱染色体图片 5 张。

【实验方法和步骤】

染色体核型分析可以用染色体核型分析软件在计算机上自动进行，也可以手工进行。染色体核型分析软件按相应的软件说明书进行，以下介绍手工进行染色体核型分析的方法和步骤。

（1）准备 5 张以上染色体照片（图 21-1）。

（2）测量计算：若用染色体制片标本进行直接测量，必须利用显微镜与测微尺，事先要用台微尺对目微尺的单位长度进行标定后再进行工作，仅对染色体长度较大的标本适合。一般标本还是先行拍照放大后进行测量，可得较好的数据。首先将 5 张或 10 张照片编好序列号，然后目测每张照片上每条染色体的长度，按长短顺序初步编号，写在每条染色体短臂的一端，同时确定主缢痕的位置，用游标卡尺逐条测量短臂和长臂的长度。有些染色体具有随体，随体的长度可计入或不计入染色体长度之内，但要注明。根据测量的数据，计算染色体的相对长度、臂比及着丝粒指数。

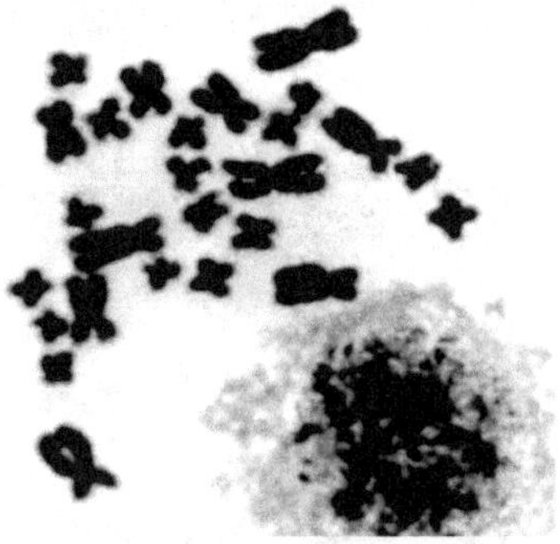

图 21-1　棘腹蛙骨髓细胞染色体核型分析图

$$相对长度=\frac{每条染色体的长度}{全部染色体的总长度}\times100\%$$

$$臂比(率)=\frac{长臂长度}{短臂长度}$$

$$着丝粒指数=\frac{短臂长度}{该染色体长度}\times100\%$$

说明：以上公式每一项所代入的数据均为求出 5 个细胞同源染色体的短臂长度、长臂长度和全长的平均值（5 个细胞中编号相同的染色体各项长度分别相加后以 5 除之）。

着丝点位置的确定通常采用 Levan 等（1964）提出的方法（表 21-1）。

表 21-1　着丝点位置确定方法

臂比值	着丝点位置	符号表示
1.00	正中部着丝点	M
1.01～1.70	中部着丝点区	m
1.71～3.00	近中部着丝点区	sm
3.01～7.00	近端部着丝点区	st
7.01 以上	端部着丝点区	t
∞	端部着丝点	T

注：用 SAT 代表具随体的染色体，计算染色体长度时，可包括随体也可不包括，但均要注明

（3）配对：根据测量数据，即染色体相对长度、臂比、着丝粒指数、次缢痕的有无及位置、随体的形状和大小等进行同源染色体的剪切配对。

（4）排列和粘贴：按染色体由长到短对同源染色体重新编号，由左向右顺序贴在纸上。着丝点排列在同一水平线上，短臂在上、长臂在下，如果有超数染色体、性染色体，则排在最后。完成上述步骤的染色体剪贴后，再附一张同一照片的中期分裂象，即称为染色体核型图（图 21-2）。

（5）绘制核型模式图及核型分析表。①核型模式图用绘图纸和坐标纸绘制。坐标纸放在绘图纸下作为标记，横坐标为染色体序号，纵坐标为染色体的相对长度。绘染色体模式时，长臂在下、短臂在上（图 21-3）。②核型分析表（表 21-2）由序号、相对长度、臂比指数、

着丝粒指数、类型等内容构成。将上述公式求得的数据逐一填入表中即可。

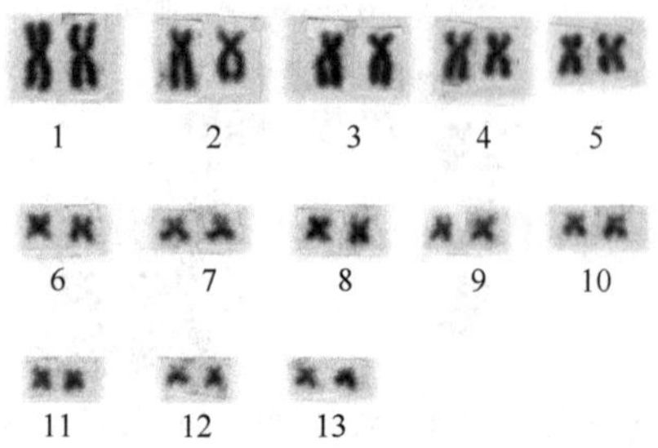

图 21-2 棘腹蛙骨髓细胞染色体核型

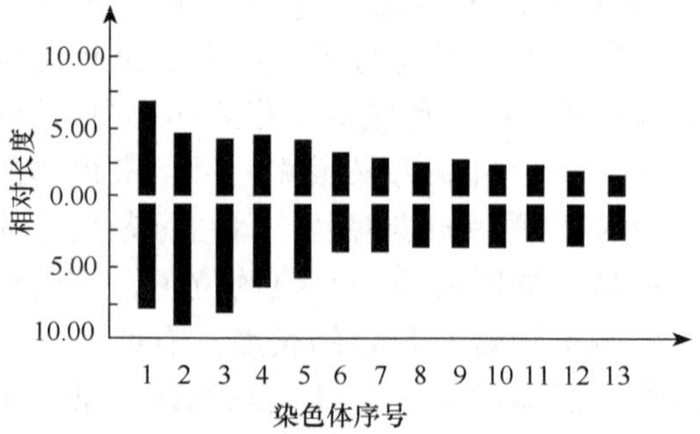

图 21-3 棘腹蛙骨髓细胞染色体核型模式图

表 21-2 棘腹蛙染色体核型分析的数据

序号	相对长度	臂比指数	着丝粒指数	类型
1	13.87	1.11	47.32	m
2	12.32	1.99	33.40	sm
3	11.57	1.91	34.33	sm
4	10.09	1.41	41.56	m
5	9.06	1.36	42.42	m
6	6.38	1.11	47.47	m
7	6.06	1.30	43.40	m
8	5.61	1.26	44.44	m
9	5.58	1.20	45.50	m
10	5.24	1.38	42.21	m
11	4.87	1.24	44.63	m
12	4.81	1.56	39.14	m
13	4.21	1.75	36.43	sm

【作业】

由老师提供照片，学生以小组为单位，具体测量染色体长度，根据测量数据进行计算，并排列出某一物种的核型图，绘制核型分析表及核型模式图。

实验二十二 动物细胞原代培养技术

【实验目的】

（1）了解细胞原代培养的基本方法。

（2）初步掌握培养过程中的取材、消化及无菌操作技术。

（3）初步掌握动物细胞原代培养的基本操作过程。

【实验原理】

细胞培养是指模拟机体内生理条件，将细胞从机体中取出，在人工条件下使其生存、生长、繁殖和传代的方法及过程。现代生命科学及相关领域的研究前提是细胞的维持和增殖，因此，细胞培养不仅是细胞生物学密不可分的组成部分，而且已经成为生物化学、生物物理学、遗传学、免疫学、肿瘤学、生理学、分子生物学和神经科学，甚至临床医学的重要内容。原代培养也称为初代培养，是从供体取得组织细胞后在体外进行的首次培养。原代培养可分为组织块培养法和消化法两种。

【实验用品】

器具：解剖剪、解剖针、眼科剪、平皿、细胞培养瓶、烧杯、酒精灯、移液枪、超净工作台、细胞计数板、超净工作台、倒置显微镜、光学显微镜、二氧化碳培养箱、脱脂棉、无水乙醇、15ml 离心管。

试剂：添加有 0.02%EDTA 的 0.25%胰蛋白酶消化液、Hank's 液、RPMI 1640 培养基（含 10%小牛血清）、75%乙醇。

材料：新生小鼠。

【实验方法和步骤】

（1）取材：用脱颈处死法使小鼠迅速死亡，将整个死亡小鼠放入装有 75%乙醇的烧杯中 1min 消毒，取出后放在大平皿中快速移入超净工作台。用乙醇和碘酒再次消毒腹部，用消毒解剖剪剪开小鼠腹部皮肤，剖腹取出肝脏，放入一个无菌平皿中。

（2）切割：用灭菌的 Hanks 液将取出的肝脏器官清洗三次，然后用眼科手术剪将组织剪碎成 $1mm^3$ 左右的小块，再用 Hank's 液清洗直至组织块发白为止；移入无菌离心管中，静置一段时间，使组织块自然沉淀到管底，弃上清液。

（3）消化：吸取 0.25%胰蛋白酶、0.02%EDTA 混合消化液 1ml 加入试管中，使之与组织块充分混匀后，37℃水浴中消化 10min，期间晃动离心管数次，使组织与消化液充分接触，后于超净工作台内向试管中加 Hank's 液 2～3ml，吸管反复吹打，制成细胞悬液。

（4）接种：将上述细胞悬液转移至一个离心管中，1000r/min 离心 5min，弃上清液，向离心管中加 3ml 含有 10%小牛血清的 RPMI 1640 培养基，用吸管反复吹打将细胞混匀，移入细胞培养瓶中，置于二氧化碳培养箱中培养。

【实验结果】

自培养之日起每日检查培养物是否污染，并观察细胞的生长情况。若培养液为紫红色，显示细胞生长不好；若培养液为橘红色，显示细胞生长良好。经过 1～3 天培养，若发现培养液变成红色或细胞生长较差，则需要在无菌条件下对细胞进行传代培养。

【注意事项】

（1）自取材开始，保持所有组织细胞处于无菌条件，细胞计数可在有菌环境中进行。

（2）在超净台中，组织细胞、培养液等不能暴露过久，以免溶液蒸发。

（3）75%乙醇浸泡消毒的时间不宜过长，以免乙醇从口和肛门浸入体内。

（4）胰蛋白酶消化的时间长短与组织细胞的幼嫩程度、数量及酶的活力等因素密切相关。另外，在消化过程中应密切观察，及时吹打，避免消化过度。

（5）实验过程中要严格无菌操作，用具、器皿皆要高压灭菌。

【作业】

（1）分析影响原代细胞培养成功的因素？

（2）绘图说明动物细胞原代培养的特点？

附：试剂配制

（1）0.25%胰蛋白酶消化液：精确称取 0.25g 胰酶蛋白酶（活力为 1∶250），加入 100ml 不含 Ca^{2+}、Mg^{2+}的 Hank's 液溶解，过滤器过滤除菌，4℃保存。胰酶溶液中也可加入 EDTA，其终浓度为 0.02%。

（2）Hank's 液的配制：KH_2PO_4 0.06g、NaCl 8.0g、$NaHCO_3$ 0.35g、KCl 0.4g、葡萄糖 1.0g、$Na_2HPO_4 \cdot H_2O$ 0.06g、酚红 0.02g，加 H_2O 至 1000ml，过滤除菌或高压灭菌，分装后 4℃下保存。

实验二十三　动物胚胎干细胞的分离与培养技术

【实验目的】

（1）了解胚胎干细胞的应用。

（2）掌握饲养层细胞制备的方法和技术。

（3）掌握胚胎干细胞分离、培养的方法和技术。

【实验原理】

胚胎干细胞（embryonic stem cell，ES）是指从早期胚胎经体外分化抑制培养分离出来的具有自我更新和全能分化能力的细胞，能发育分化出成体所有的组织和器官。ES 细胞是体外研究动物胚胎发生、细胞分化、基因表达调控等发育生物学基本问题的理想模型，也可用于克隆动物和转基因动物生产，是细胞替代疗法和器官移植的最佳来源、组织工程和临床医学研究的重要工具，在新药研发与药效、毒性评估等领域具有越来越广泛的应用。

ES 细胞体外生长环境要求满足两个条件：一是促进细胞的增殖，二是抑制细胞的分化。饲养层细胞可合成和分泌多种细胞因子，是建立和维持 ES 细胞系的必要条件。用小鼠原代胚胎成纤维细胞制备出饲养层，将正常发育 3.5 天的小鼠囊胚在饲养层上培养，囊胚内细胞团增殖，然后对内细胞团进行离散处理，初步分离出 ES 细胞集落，进一步在饲养层进行培养、纯化。

分离的 ES 细胞需通过生物化学分析、免疫组织化学和体内分化等进一步验证。

【实验用品】

器具：生物显微镜、解剖镜、倒置显微镜、恒温水浴锅、离心机、CO_2 培养箱、超净工作台、微量移液器、枪头、电子天平、0.22μm 滤器、不同内径玻璃针、细胞计数板、高压灭菌锅、超纯水仪、磁力搅拌仪、pH 测定仪、冰箱、超声波清洗机、干热消毒箱、切片架、切片盒、眼科剪、眼科镊、培养皿、培养瓶、离心管、一次性注射器、烧杯、吸管、试剂瓶、擦镜纸。

试剂：孕马血清绒毛膜促性腺激素（PMSG）、人绒毛膜促性腺激素（HCG）、高糖（DMEM）、胎牛血清（FBS）、磷酸缓冲液（PBS）、矿物油、丝裂霉素 C、明胶溶液、乙醇、胰蛋白酶、乙二胺四乙酸（EDTA）、白血病抑制因子（LIF）、β-巯基乙醇、谷氨酰胺、非必需氨基酸、丙酮酸钠、青霉素、链霉素。

材料：ICR 雌性小鼠、雄性小鼠。

【实验方法和步骤】

一、饲养层细胞的制备

1. 实验动物处理

ICR 雌性小鼠在第一天下午 6：00～7：00 用 1ml 注射器经腹腔注射 10IU/只的 PMSG，间隔 40～48h 再腹腔注射 HCG，7.5～10IU/只，然后与雄性小鼠合笼，次日上午 9：00 检查阴栓，将有栓鼠分笼饲养，贴标签备用。

2. 小鼠胎儿成纤维细胞的分离与培养

（1）对妊娠 13.5 天的 ICR 小鼠颈椎脱臼处死，放于 500ml 烧杯中，用 75%乙醇浸泡 5min 进行消毒。

（2）用无菌培养皿将小鼠转至超净工作台，用直镊夹起腹部皮肤剪开一小口，然后沿小鼠身体纵向翻剥皮肤，充分暴露腹膜。打开腹腔，取出整个子宫，放入盛有 PBS 的培养皿中，剪开子宫角和胎膜，将胎儿移到另一个盛有 PBS 的培养皿中。

（3）用镊子去掉胎儿的头、尾和内脏，用 PBS 清洗 3 次或 4 次，除去红细胞、色素物质及细胞碎片，然后用剪刀剪成 $1mm^3$ 的小组织块。

（4）将小组织块放入离心管中，加 5ml 0.05%胰蛋白酶-0.02%EDTA 消化液，放入 37℃、5% CO_2、饱和湿度的 CO_2 培养箱中 30min。

（5）取出离心管，加 5ml 细胞培养液终止消化，用移液管轻轻吹打，然后用 200 目滤网过滤细胞悬液，收集于离心管中，低速离心（1000r/min）5min。

（6）弃上清液，加入 8～10ml 细胞培养液，取 200μl 镜下计数，调整细胞密度后（5×10^3～10×10^3 个/ml）接种于培养瓶中，置于 CO_2 培养箱中培养。

3. 小鼠胎儿成纤维细胞的传代

（1）弃掉旧的细胞培养液，用 PBS 清洗 3 遍，弃掉。

（2）用移液管吸取 3ml 0.05%胰蛋白酶-0.02%EDTA 消化液加入到培养瓶中，放入 CO_2 培养箱中 1～3min。

（3）弃掉消化液，加入 5ml 细胞培养液，轻轻吹打，使贴壁细胞脱落，镜下观察细胞消化程度。

（4）取 200μl 离散的细胞悬液镜下计数，调整细胞密度后（5×10^3～10×10^3 个/ml）接种于培养瓶中，置于 CO_2 培养箱中培养，每 2 天传代 1 次。传代 2 次或 3 次即可用于制备饲养层。

4. 饲养单层细胞的制备

（1）用明胶包被培养皿：将 0.1%明胶水溶液加入培养皿，使其铺满底部，室温放置 2 天以上，使用前弃多余明胶水溶液，PBS 洗 1 次。

（2）将传代的小鼠胎儿成纤维细胞培养至 80%～90%（铺满培养皿底部），换成含 10μg/ml 丝裂霉素 C 的培养液，在 CO_2 培养箱中作用 2～3 天。

（3）弃掉含丝裂霉素 C 的培养液，用 PBS 洗涤细胞 5 次。

（4）用 0.05%胰蛋白酶-0.02%EDTA 溶液消化，制备成 1×10^5 个/ml 的细胞悬液，接种至用明胶包被过的培养皿中培养。

（5）细胞贴壁后观察，制备好的饲养层细胞基本连成一片，将其放置于培养箱中备用。

二、小鼠胚胎的获得和培养

（1）将怀孕 3.5 天的小鼠颈椎脱臼处死，取出子宫（方法同步骤一的 2），置于无菌培养皿中。

（2）用一次性注射器吸入培养液，沿子宫角-子宫体方向将针头刺入子宫腔内，每侧注入 0.2～0.5ml，将胚胎冲出，用培养皿收集，解剖镜下镜检，收集胚胎。

（3）取无菌培养皿制备 Φ5mm 左右培养液滴（加液量 80μl），上覆盖矿物油。

（4）用尖端内径 100～200μm 的玻璃针将收集的 3.5 天桑椹胚和囊胚转至培养液滴中，放入 37℃、5% CO_2、饱和湿度的 CO_2 培养箱中培养，每天半量换液一次，至胚囊腔充分扩张。

三、小鼠胚胎干细胞的分离

（1）将囊腔充分扩展的胚胎移到制备好的饲养单层细胞上，加入 ES 培养液。继续培养 2～4 天，内细胞团不断增大。

（2）取培养皿数个，在培养皿内制备数个消化液滴（Φ5mm），将内细胞团生长良好的培养皿置于解剖镜或显微操作仪下，用内径比内细胞团大的吸管吸取内细胞团置于消化液滴内。

（3）在室温或培养箱中消化 1～5min 至内细胞团分散成几个小团块，然后用内径比内细胞团小的吸管轻轻反复吹吸内细胞团块，使之分散为 3～5 个细胞在一起的小团块。

（4）将分散的内细胞团小团块吸至准备好的饲养单层上进行培养。

四、小鼠胚胎干细胞的培养

（1）每天观察在饲养单层上培养的内细胞团小团块，5～6 天后进行传代。

（2）弃掉培养液，用 PBS 洗 3 次，加 0.05%胰蛋白酶-0.02%EDTA 溶液消化 30s，弃消化液，让残余消化液继续作用。轻敲培养皿底部，当饲养单层出现裂隙时加入培养液终止消化，消化时间为 3～5min。

（3）添加适量培养液，轻轻吹打，使成单细胞悬液，然后接种至新的饲养单层上进行传代培养。

【实验结果】

置于 37℃培养的细胞，需逐日进行观察。小鼠胎儿成纤维细胞开始呈梭形，长满培养皿底部时为卵石平铺状。小鼠囊胚在饲养层上培养，囊腔 18～24h 扩张，囊胚 24～30h，桑椹胚 36～48h 突破透明带，胚胎贴壁，内细胞团位于饲养层中央部位，向上隆起生长。继续培养，内细胞团继续增大。内细胞团分散培养后，2～3 天 ES 细胞贴壁，3～5 天形成明显集落，5～6 天后进行传代。ES 细胞有典型的形态学特征：集落呈鸟巢状，边缘清楚、表面平滑、结构致密，隆起生长，细胞之间界限不清楚，单个细胞体积小、核大。

【注意事项】

（1）用消化法进行小鼠胎儿成纤维细胞的培养时对组织块的冲洗要充分，尽可能去除血细胞，避免其对随后的细胞生长产生影响。

（2）严格无菌操作，避免细菌、真菌污染。

（3）消化液配制的时间及加入量的多少会影响消化液作用的时间，消化过程中应密切注意细胞形态的变化，发现胞质回缩、胞间连接松散时，及时终止消化。

（4）用胰蛋白酶和 EDTA 的混合溶液来消化细胞时所用液体应均不含钙离子、镁离子，否则会抑制胰蛋白酶活性，消化后要彻底清洗，否则细胞易脱壁。

（5）制备好的饲养层细胞基本连成一片，若密度过低，需重新补加处理过的细胞。

【作业】

（1）观察记录培养细胞的结果。

（2）如何提高胚胎干细胞培养的成功率？

（3）概述胚胎干细胞的应用。

附：试剂配制

（1）PBS 的配制：NaCl 4g、KH_2PO_4 100mg、KCl 100mg、$NaHPO_4\cdot 12H_2O$ 1.4g 溶

解在500ml超纯水中，高压灭菌30min，50ml分装，4℃保存。

（2）0.2%明胶溶液：0.2g明胶溶解在100ml PBS中，高压灭菌30min，4℃保存。

（3）丝裂霉素C储存液：2mg/包装溶于1ml PBS中，0.22μm微孔滤膜过滤后40μl分装，－20℃密封保存。使用时用PBS配成终浓度为10μg/ml。

（4）ES培养液：高糖（DMEM）、1×10^{-4}mol/L β-巯基乙醇、2mmol/L谷氨酰胺、1%非必需氨基酸、1mmol/L丙酮酸钠、15%（*V/V*）FBS、100U青霉素、100U链霉素、1000IU/ml mLIF。

（5）饲养层细胞培养液：高糖（DMEM）、10%（*V/V*）FBS。

（6）0.05%胰蛋白酶：称取0.05g胰蛋白酶干粉，加入100ml Hank's平衡盐液溶解，用1mol/L氢氧化钠溶液调pH为7.2～7.4，过滤除菌，分装，－20℃冻存备用。

（7）0.02%EDTA：称取0.02g EDTA用100ml Hanks平衡盐液溶解，高压灭菌，分装成小瓶，室温或4℃冰箱保存。

实验二十四　烟草叶肉原生质体的分离、融合与培养

【实验目的】

（1）了解植物原生质体分离、融合和培养的基本原理及其过程。

（2）了解体细胞杂交的原理和过程。

（3）学习原生质体的培养方法。

【实验原理】

植物原生质体是除去细胞壁后为质膜所包围的裸露细胞，是开展基础研究的理想材料。植物细胞壁主要由纤维素、半纤维素和果胶质组成，因而使用纤维素酶、半纤维素酶和果胶酶降解细胞壁成分，除去细胞壁即可获得原生质体。由于原生质体去除了细胞壁，所以培养基中要用一定浓度的渗透压稳定剂来维持原生质体的完整性和生活力。

在外界因素作用下，两个或多个植物细胞合并成一个多核细胞的过程称为植物细胞融合，或植物体细胞杂交。在融合过程中，细胞核与细胞质都会发生融合，融合后的细胞体积稍微膨大，通过培养获得的再生植株具有两种植物体的性状。

许多化学、物理学和生物学的方法都可诱导原生质体融合。本次实验主要采用化学法中的聚乙二醇（PEG）法。PEG作为一种高分子化合物，20%～50%的浓度能对原生质体产生瞬间冲击效应，原生质体很快发生收缩与粘连，随后用高钙、高pH法进行清洗，使原生质体融合得以完成。

PEG诱导融合的机制：PEG由于含有醚键而具有负极性，与水、蛋白质和碳水化合物等一些正极化基团能形成氢键，普遍认为PEG分子能改变各类细胞的膜结构，使两个细胞接触点处质膜的脂类分子发生疏散和重组，由于两个细胞接口处双分子层质膜的相互亲和及彼此的表面张力作用，使细胞发生融合。PEG也能连接钙等阳离子，钙可在一些负极化基团和PEG之间形成桥，促进粘连，提高细胞融合效果。

【实验用品】

器具：超净工作台、高压灭菌锅、显微镜、低速离心机、带盖离心管、0.4mm 孔径过滤网，细胞计数板、注射器、烧杯、控温摇床、手术刀、镊子、培养皿等。

试剂：基本培养基、蔗糖、PEG 融合液、混合酶液等。

材料：烟草无菌苗叶片。

【实验方法和步骤】

1. 原生质体的分离与纯化

（1）称量烟草无菌苗叶片 1g，用手术刀切成细丝，放入经过微孔过滤器（0.22μm）过滤灭菌的 10ml 混合酶液中。

（2）黑暗条件下在 27℃以 40r/min 的速率震荡处理 8h。

（3）酶解后，用 0.4mm 孔径过滤网过滤原生质体酶解液，除去未完全消化的残渣。

（4）将滤液置于 20%蔗糖溶液中，在 350g 下离心 8min，弃去上清液。

（5）将收集的原生质体用基本培养基洗 1 次，并配成原生质体悬浮液。

2. 原生质体的融合和培养

（1）取一定体积上述获得的原生质体悬浮液于带盖离心管中，以 1∶1 的比例迅速加入 PEG 融合液，轻轻晃动，使原生质体与 PEG 融合液混合，30℃水浴中温浴 10min。

（2）待原生质体融合处理后，用基本体培养基洗剂 1 次，27℃黑暗条件下液体浅层培养。

【实验结果】

用光学显微镜或倒置显微镜（高倍）观察分离纯化的原生质体（图 24-1）及原生质体融合的过程。观察时注意不同程度的融合现象，通常分为 5 个阶段。①两个细胞的细胞膜接触、粘连；②细胞膜形成穿孔；③两个细胞的细胞质连通；④通道扩大，两个细胞连成一体；⑤细胞完全合并，形成一个含有两个或多个细胞核的细胞。

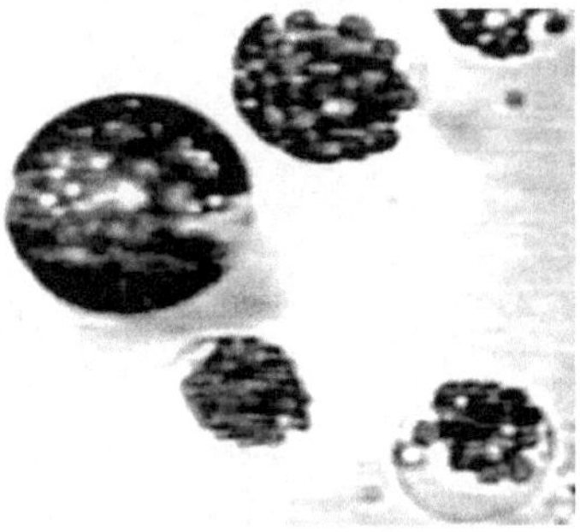

图 24-1 烟草原生质体

【注意事项】

（1）选择生长旺盛、分生力强的材料是获得高得率、高活力及稳定性好的原生质体的重要前提。

（2）在原生质体的分离纯化及融合过程中要轻缓操作，避免剧烈晃动。

（3）原生质体分离时酶液浓度及处理时间的长短

与组织细胞的幼嫩程度密切相关。

（4）消化过程中应密切观察，避免消化过度。

【作业】

（1）要获得高得率、高活力及稳定性好的原生质体，在取材时应注意哪些问题？

（2）简述原生质体融合的过程。

附：试剂配制

（1）混合酶液：0.5% 离析酶 R-10、1.0% 纤维素酶 R-10、0.45 mol/L D-甘露醇、27.2mg/L KH_2PO_4、101.0mg/L KNO_3、1480.0mg/L $CaCl_2\cdot 2H_2O$、246.0mg/L $MgSO_4\cdot 7H_2O$、0.16mg/L KI、0.025mg/L $Cu_2SO_4\cdot 5H_2O$，pH 调整到 5.8。

（2）基本培养基：10% D-mannitol、27.2mg/L KH_2PO_4、101.0mg/L KNO_3、1480.0mg/L $CaCl_2\cdot 2H_2O$、246.0mg/L $MgSO_4\cdot 7H_2O$、0.16mg/L KI、0.025mg/L $Cu_2SO_4\cdot 5H_2O$，pH 调整到 5.8。

（3）PEG 融合液：30.0% PEG 6000、0.45mol/L D-甘露醇，pH 调整到 9.0。

第二部分　研究性、设计性实验

实验二十五　细胞周期时相及药物阻断的流式细胞仪检测

【实验目的】

（1）了解流式细胞仪检测细胞周期的原理和方法。

（2）掌握流式细胞仪检测细胞周期时相的样品制备方法。

（3）掌握细胞周期的数据分析方法。

【实验原理】

PI 能够与细胞内的 DNA 和 RNA 结合，被流式细胞仪 488nm 激光激发后发出红色荧光。与核酸结合之后其发射荧光信号的能力可提高 20～30 倍，且标记后细胞荧光信号的强弱与细胞内核酸含量成正比（图 25-1）。

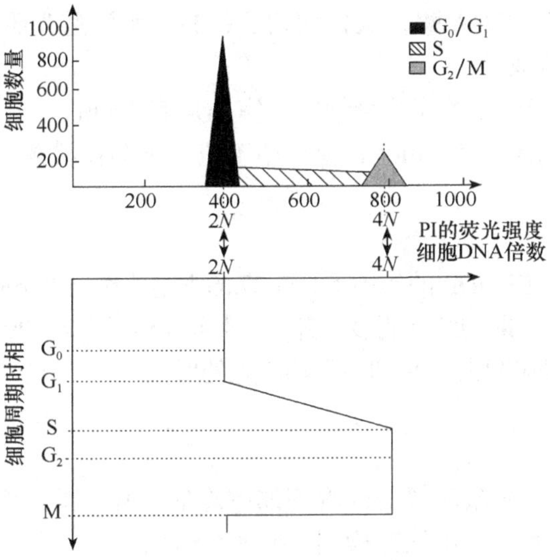

图 25-1　细胞周期检测中 PI 荧光的强度与细胞内 DNA 含量的关系（图版Ⅱ-4）

【实验用品】

器具：流式细胞仪、超净工作台、CO_2 培养箱、电子天平、离心机、移液枪、离心管、流式管/2ml EP 管、25ml 培养瓶、冰箱。

试剂：DMEM 培养基（10%FBS、1%双抗）、胰蛋白酶、RNA 酶、70%乙醇、PI、PBS、顺铂（DDP）。

材料：人肺癌细胞（A549）。

【实验方法和步骤】

（1）将 A549 细胞接种于培养瓶（实验组，对照组）中，每瓶 1×10^5 个细胞，并将细胞置于 CO_2 培养箱中培养。

（2）当细胞生长到密度为 60%左右时，加入 DDP（最终浓度为 15μmol/L）；对照组加入等量的 DMSO。并将细胞置于 CO_2 培养箱中继续培养 24h。

（3）吸出培养基至离心管 A（实验组）、离心管 B（对照组）中。

（4）用 PBS 清洗培养瓶中的细胞 1 次，并吸出 PBS 至上述相应离心管中。

（5）向细胞中加入 0.5ml 胰蛋白酶，37℃消化 4min，用 DMEM 培养基终止消化，用移液器吹打细胞成单一悬浮细胞，将细胞悬液转移至上述相应离心管中。

（6）将收集的细胞离心（300*g*、4℃、5min），去上清液。

（7）加入 PBS 洗涤细胞，离心（300*g*、4℃、5min），去上清液。

（8）加入 1ml PBS 重悬细胞。

（9）振荡下逐滴加 9ml 预冷的 70%乙醇，并将其置于－20℃冰箱 8h 以上。

（10）离心（300*g*、5min，下同），去上清液，加入 PBS 洗涤细胞 1 次或 2 次，离心，去上清液。

（11）每管加入 500μl RNA 酶，吹打均匀后，37℃水浴避光孵育 30min。

（12）离心，去上清液。

（13）加入 500μl 的 PI 工作液重悬细胞，室温孵育 5min。

（14）将细胞转移到流式管/2ml EP 管，用于流式细胞仪检测。

【实验结果】

实验结果见图 25-2，在 DDP 的作用下，G_1 期的细胞比例显著下降（实验组 vs 对照组：62.01% vs 5.59%），同时 S 期的细胞明显上升（实验组 vs 对照组：29.99% vs 35.11%）。结果表明，DDP 能将 A549 细胞阻滞在 S 期，影响细胞的增殖。

【注意事项】

（1）细胞固定时，须在振荡仪上逐滴滴加冰冷的乙醇，减少细胞粘连体产生。

（2）流式细胞仪检测时，用低速检测。

【作业】

（1）用 7-AAD 试剂检测喜树碱对喉癌细胞（Hep-2）凋亡的诱导。

（2）为什么要用 RNA 酶处理细胞?

附：试剂配制

（1）1000× DDP 工作液：称取 4.5mg DDP 溶解于 1ml DMSO 中，混匀后配制成 15mmol/L 工作液，避光保存在 4℃冰箱中。

（2）20×PI 储存液：称取 10mg PI 溶解于 10ml PBS 中配制成 1mg/ml 工作液，避光保存于 4℃冰箱中。

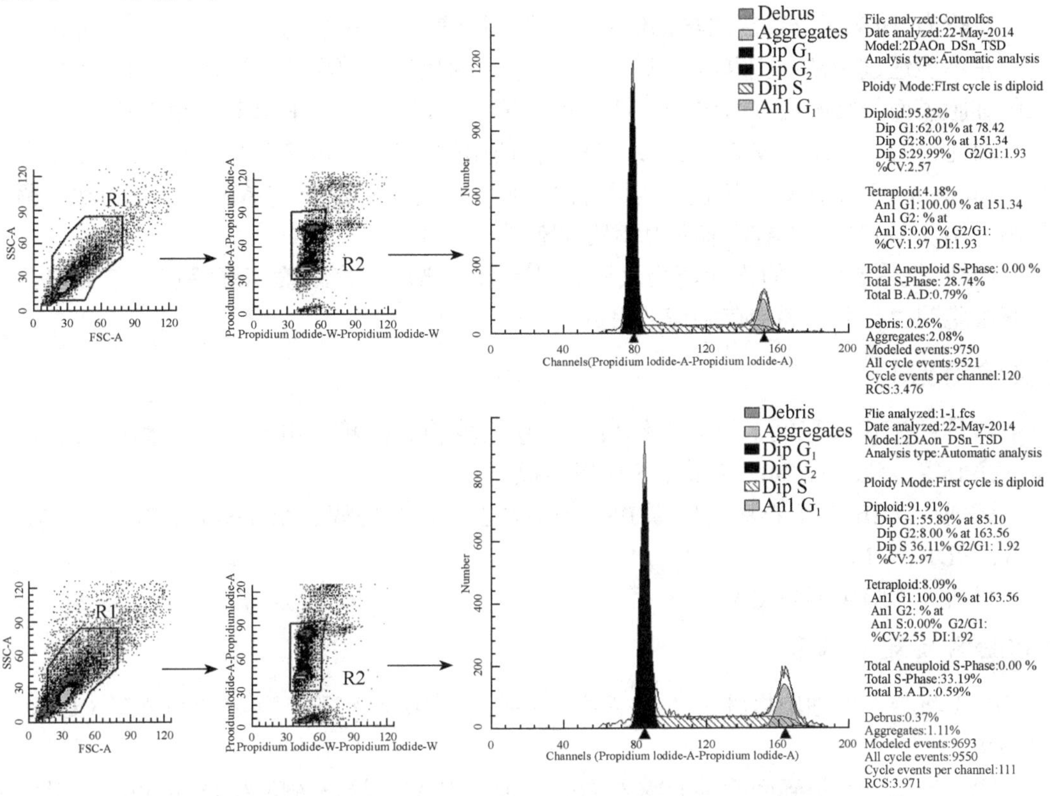

图 25-2　顺铂对 A549 细胞周期分布的影响
（图版Ⅱ-5）

（3）PI 工作液：20×PI 储存液 50μl 溶解于 950μl PBS 中配制成 50μg/ml 工作液，充分混匀后用于细胞染色。

实验二十六　细胞凋亡的诱导和流式细胞仪检测

【实验目的】

（1）了解 AnnexinV-PE/7-AAD 检测细胞早期凋亡的原理。

（2）了解细胞凋亡的诱导和流式细胞仪检测细胞凋亡的实验方法。

（3）掌握细胞凋亡的流式细胞仪数据的分析。

【实验原理】

在正常的活细胞中，磷脂酰丝氨酸（phosphatidylserine，PS）位于细胞膜的内侧，但在早期凋亡的细胞中，磷脂酰丝氨酸从细胞膜的内侧翻转到细胞膜的表面，暴露于细胞外环境中。膜联蛋白-V（annexin-V）是一种能与磷脂酰丝氨酸高亲和力结合的蛋白质。因此，可以通过由荧光素（PE）标记的 Annexin-V 结合细胞外侧暴露的磷脂酰丝氨酸来检测早期凋亡的细胞。

7-AAD 用来区分存活的早期细胞和坏死或晚期凋亡的细胞。7-AAD 是一种核酸染料，它不能透过正常细胞和早期凋亡细胞的完整细胞膜，但可以透过晚期凋亡和坏死细胞的细胞膜而与细胞内核酸结合，从而被流试细胞仪的 FL3（PerCP 通道）检测。

因此，将 Annexin V-PE 与 7-AAD 联合使用时，Annexin V^-/7-AAD^-细胞为正常细胞，Annexin V^+/7-AAD^-细胞为早期凋亡细胞，而 Annexin V^+/7-AAD^+细胞为晚期凋亡细胞，Annexin V^-/7-AAD^+细胞为坏死细胞。

DDP 是临床常用的化疗药物之一，具有抗癌谱广、疗效确切等特点。它能够促进肿瘤细胞凋亡，而达到治疗肿瘤的目的。

【实验用品】

器具：流式细胞仪、超净工作台、CO_2 培养箱、冰箱、电子天平、离心机、移液枪、离心管、流式管/2ml EP 管、6 孔培养板。

试剂：DMEM 培养基（10%FBS、1%双抗）、胰蛋白酶、Annexin V-PE、7-AAD、PBS、DDP、DMSO。

材料：人肺癌细胞（A549）。

【实验方法和步骤】

（1）将 A549 细胞接种于 6 孔板中，每孔 3×10^4 个细胞，并将细胞置于 CO_2 培养箱中培养。

（2）当细胞生长到密度为 60%左右时，加入 DDP（最终浓度为 15μmol/L）；对照组加入等量的 DMSO。并将细胞置于 CO_2 培养箱中继续培养 24h。

（3）吸出培养基至离心管 A（实验组）、B（对照组）中。

（4）用 PBS 清洗培养板中的细胞 1 次，并吸出 PBS 至上述相应离心管中。

（5）向细胞中加入 0.5ml 胰蛋白酶，37℃消化 4min，用 DMEM 培养基终止消化，将细胞吹打成单一悬浮细胞。将细胞悬液转移至上述相应离心管中。

（6）离心（300*g*、4℃、5min），去上清液。

（7）加入 PBS 清洗细胞；离心（300*g*、4℃、5min），去上清液。

（8）用 PBS 重悬细胞，并取 90μl 细胞悬液转移至流式管中。

（9）向细胞悬液中加入 5μl Annexin V-PE 和 5μl 7-AAD，混合均匀，闭光孵育 15min。

（10）加入 400μl PBS，用于流式细胞仪检测。

【实验结果】

实验结果见图 26-1，经 DDP 诱导的实验组的凋亡细胞（Q2＋Q3）占总细胞的 50.7%，其中早期凋亡细胞（Q3，Annexin V^+/7-AAD^-）占 35.3%，晚期凋亡细胞（Q2，Annexin V^+/7-AAD^+）占 15.4%。其凋亡数均明显高于对照组，结果表明 DDP 能诱导 A549 细胞凋亡。

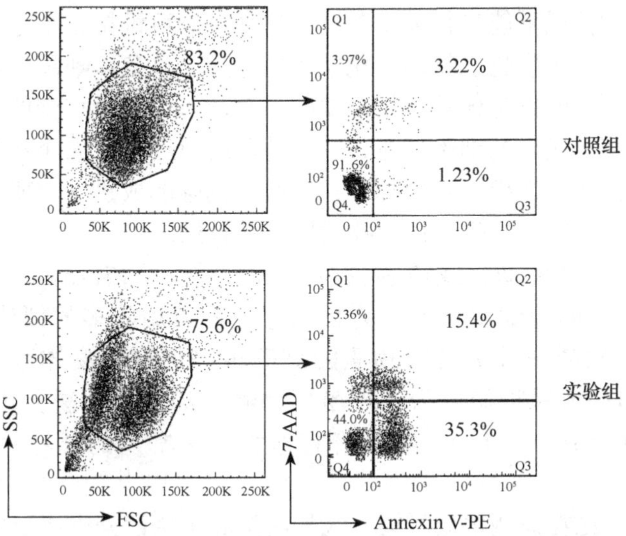

图 26-1 DDP 对 A549 细胞凋亡的诱导
（图版Ⅱ-6）

【注意事项】

（1）整个实验操作过程动作要尽量轻柔，勿用力吹打细胞。

（2）染色后注意避光，孵育完毕后尽快在 1h 内检测。

（3）实验中额外准备空白细胞、Annexin V 和 7-AAD 单染细胞，用于流式细胞仪电压（voltage）和补偿调节（compensation）（原理与方法见实验六）。

【作业】

（1）用 Annexin V-FITC 和 PI 试剂怎样检测喜树碱对喉癌细胞（Hep-2）凋亡的诱导？

（2）为什么整个实验操作过程动作要尽量轻柔？

附：试剂配制

1000×DDP 工作液：称取 4.5mg DDP 溶解于 1ml DMSO 中，混匀后配制成 15mmol/L 工作液，避光保存在 4℃冰箱中。

实验二十七 细胞微核检测技术

【研究背景】

微核（micronucleus，MCN）也称为卫星核，是真核类生物细胞经各种理化因子作用后引起的染色体畸变在间期细胞中的一种表现形式。在细胞间期，微核呈圆形或椭圆形，游离于主核之外，大小应不到主核大小的 1/3。

微核产生的原理：细胞在分裂时染色体要进行复制，在复制过程中常发生断裂，断裂下来的断片在正常情况下能自行复位愈合，这样细胞可维持正常生活。如果在细胞分裂时受到外界诱变因子（生物、物理、化学）的作用，染色体断裂的愈合就会受阻，甚至增加断裂，断裂下来的染色体片段由于缺少了着丝点，不能移到两极而停留在细胞质中；当完成细胞分裂形成新的细胞核时，这些片段就自己形成大小不等的小核，这种小核就是微核。已经证实，微核数量与外界诱变因子的强弱成正比，所以可以用微核出现的比例来评价环境诱变因子对生物遗传物质影响的程度。

微核试验可以用多种动物或植物进行，由于蚕豆（*Vicia faba*）取材方便、培养简单、技术容易掌握等优点，已成为目前研究和运用较多的拟代替动物培养细胞检测环境“致癌、致畸、致突变”物质的高等植物细胞检疫体系。1986 年蚕豆根尖微核试验被我国环境保护局列为水环境生物测试的规范方法，用于检测水体的致突变性。世界卫生组织（WHO）等已将它作为一种常规的环境污染物和危险品的检测指标。

目前，微核技术已在监测水质污染、大气污染和土壤污染中广泛应用。

【方法提示】

1. 查阅文献资料，选题

实验以 2～4 人为一组，查阅文献，选题。

2. 设计实验

查阅文献后，以小组为单位讨论，制订出详细的实验方案，包括实验目的、实验原理、实验材料、实验药品、仪器设备、器具与数量、实验方法与步骤，交老师审阅，再修改完善实施。

3. 实施实验

（1）根据实验设计，进行实验准备工作，包括试剂的配制、实验器具和实验材料的准备。

（2）按实验设计的方法步骤，完成实验的全过程，并做详细的观察和实验记录。

4. 实验报告

以论文的形式写作，内容包括摘要、关键词、前言、材料与方法、实验结果与分析、结论、参考文献等几部分。

【结果提示】

蚕豆根尖细胞的微核有间期单微核、间期双微核、间期三微核、前期微核、中期微核、后期微核、末期微核、核突出、核碎等类型，见图 27-1。

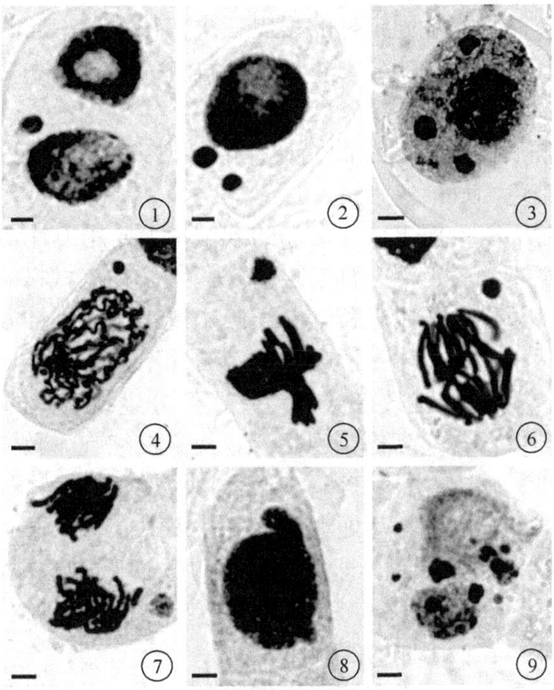

图 27-1　蚕豆根尖细胞微核的类型

①间期单微核；②间期双微核；③间期三微核；④前期微核；⑤中期微核；⑥后期微核；⑦末期微核；⑧核突出；⑨核碎

【作业】

以小论文形式撰写实验报告。

附：蚕豆根尖微核实验方法和步骤参考

（1）种子处理：选取当年留用的蚕豆种子，按需要量放在烧杯或盆中，用清水在20～25℃培养箱内浸泡 24h，其间至少换水两次，使种子吸水膨胀后倒出，再用清水洗几次，用多层纱布或毛巾包好种子置于瓷盘中，放进 20～25℃培养箱内培养。当种子露白时，选取发芽良好的种子，放入铺满滤纸的瓷盘中，20～25℃继续催芽，经 36～48h，大部分根尖长至 1～2cm 时，即可用来进行检测。

（2）用被检测液处理根尖：根据被检测溶液可设若干种处理，每种处理选 8～10 颗主根生长良好、根长一致的种子，放入盛有被测液的培养皿中，被测液浸没根尖即可。同时用清水（或蒸馏水）设一处理作为对照。处理根尖 12～24h，此时间亦可视实验要求和被测液浓度而定。

（3）根尖细胞恢复培养：处理后的种子用清水（或蒸馏水）浸洗三次，每次3min。洗净后再置于铺有润湿纱布或滤纸的瓷盘中，20～25℃下再恢复培养 20～24h。

（4）根尖细胞固定：从恢复培养后的种子上取根，从根的顶端切下 0.5cm 长的根尖投入青霉素小瓶内，用 Carnoy 固定液固定 24h。固定后的根尖如不及时制片，可经过90%乙醇和 70%乙醇浸洗一次，再换入新的 70%乙醇溶液中，置 4℃冰箱中保存备用。

（5）酸水解：用蒸馏水浸洗固定好的根尖三次，每次 3～5min，吸净蒸馏水，加入 1mol/L 盐酸溶液将根尖浸没，在 60℃条件下酸解 10min。吸去盐酸，用蒸馏水洗根尖三次，每次 1～2min，水洗时动作要轻缓。

（6）染色：将水洗后的根尖放在凹面玻片内（根尖较长的切除伸长区部位），滴加改良苯酚品红染色液染色 10min 左右。

（7）制片：制片时，取一根尖放在洁净的载玻片上，用刀片切取 1mm 左右的生长区，其余部分弃掉，加半滴染色液，加盖玻片。用镊子在有材料的地方轻压几下，使生长区的细胞分散开来，再在盖玻片上覆盖一层吸水纸，用解剖针或铅笔上的橡皮头敲击根尖部位，重复几次，用力一次比一次大，以盖玻片不破裂为准。

（8）镜检、观察：首先在显微镜低倍镜下找到分生组织区的细胞，该区分裂象较多，间期细胞分散均匀，再转换高倍镜观察，寻找微核细胞。微核的判断标准：大小一般不超过主核大小的 1/3，并与主核分离，着色与主核一致或稍浅，呈圆形或椭圆形。

（9）数据统计、结果分析：每一处理观察 3 个根尖，每个根尖数 1000 个细胞，统计其中含微核的细胞数，取平均值，即为该处理的微核千分率（MCN‰），以此可作为一个检测指标。

根据你的实验安排列表填出你的实验结果。

若进行污水检测，根据污染指数鉴定出你所测水样的污染程度，也可以计算被检化学药剂的污染指数。

污染指数（PI）＝样品实测 MCN‰平均值/对照组（标准水）MCN‰平均值

污染指数（PI）平均值为 0～1.5 时基本没有污染，1.5～2.5 为轻污染，2.0～3.5 为中污染，3.5 以上为重污染。

实验二十八 孢子萌发、细胞分裂、生长分化及配子体发育的细胞学研究

【研究背景】

蕨类植物的生活史具有明显的孢子体和配子体的世代交替现象，其两个世代均能独立生活。孢子体世代占绝对优势，远比配子体大而且结构复杂，生活期长。配子体结构简单，生长周期短，易于观察，为单细胞孢子的萌发调控、光形态建成、分生组织发育、游动精子分化、无孢子生殖、外源激素对性别分化的影响，以及其他细胞分裂、生长、分化和生理生化过程的研究提供了良好的实验材料。如今蕨类植物已日益成为实验生物学家的一种极有用的研究材料，其中水蕨属（*Ceratopteris*）的几种植物更是被作为可以与拟南芥媲美的模式植物而应用。

蕨类植物孢子经合适培养条件培养，其细胞开始生长、分裂，形成几个单细胞排列成的丝状体，再经过顶细胞和侧生分生组织的细胞分裂形成片状体，继续生长发育为成熟的、通常背腹扁平的心形配子体（原叶体），配子体近尖端下面生有假根；凹缺处为生长点，颈卵器生长在其附近，精子器生长在假根附近，每个颈卵器含一个雌配子（卵子），每

个精子器含多个雄配子（精子）。由孢子到配子体的发育经过一系列的细胞生长、分裂和分化过程，每一过程都受到其本身基因和外部环境的调控。例如，蕨类植物孢子萌发受水分、光照、激素、营养和培养密度等诸多因素的影响；配子体性别受激素、孢子大小、孢子存储的营养物质的量、孢子萌发时间、配子体发育速率、培养密度、营养状态和光照强度等因素的影响。因此，蕨类植物配子体发育是研究细胞生长、分裂和分化的良好材料。

【方法提示】

1. 查阅文献资料，选题

实验以 2～4 人为一组，查阅文献，选题。

2. 设计实验

查阅文献后，以小组为单位讨论，制订出详细的实验方案，包括实验目的、实验原理、实验材料、实验药品、仪器设备、器具与数量、实验方法与步骤，交教师审阅，再修改完善实施。例如，光照、激素、培养基、温度、pH 等不同条件对孢子萌发、假根、毛状体、精子器、颈卵器、性别、配子体形成等的影响。也可以设计实验研究配子体发育过程中假根、毛状体的发生；配子体发育过程中叶绿体形态、叶绿体的分裂方式；等等。

3. 实施实验

（1）根据实验设计，进行实验准备工作，包括试剂的配制、实验器具和实验材料的准备。

（2）按实验设计的方法步骤，完成实验的全过程，并做详细的观察和实验记录。

4. 实验报告

以论文的形式写作，内容包括摘要、关键词、前言、材料与方法、实验结果与分析、结论、参考文献等几部分。

【结果提示】

以球腺肿足蕨［*Hypodematium glanduloso-pilosum*（Tagawa）］配子体发育研究为例，从孢子萌发到原叶体形成大致分为以下 4 个阶段（图 28-1）。

（1）孢子萌发阶段：蕨类植物的成熟孢子播种在适宜的环境下萌发。孢子萌发可分为 4 种类型：紫萁型（osmunda-type）、书带蕨型（vittaria-type）、Anemia-type 和膜蕨型（hymenophyllum-type）。此阶段可研究孢子萌发、假根形成的条件（图 28-1①、②）。

（2）丝状体阶段：孢子萌发后，所形成的原叶体原始细胞横向分裂为 2 个细胞后就进入了丝状体阶段（图 28-1③）。

（3）片状体阶段：当丝状体前部细胞进行纵向、斜向分裂，原叶体生长由一维变为二维时，便进入了片状体阶段。此阶段可对丝状体细胞分裂怎样改变方向、叶绿体生长与分裂等问题进行研究（图 28-1④、⑤）。

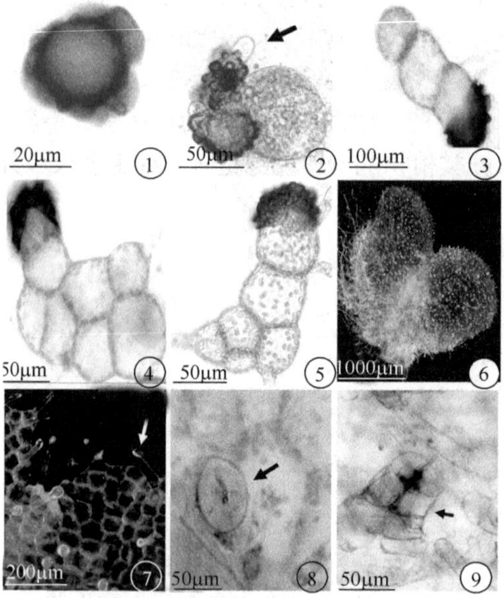

图 28-1 球腺肿足蕨的配子体发育过程（图版Ⅱ-7～Ⅱ-15）

①孢子；②孢子萌发开裂（箭头示假根）；③丝状体；④片状体；⑤片状体（示细胞中的叶绿体）；⑥原叶体；⑦毛状体（箭头示）；⑧精子器（箭头示）；⑨颈卵器（箭头示）

（4）原叶体阶段：当片状体前端的分生组织出现凹陷时，幼原叶体形成，发育便进入了原叶体体阶段。其中从丝状体到成熟原叶体这一过程，不同种有不同的发育模式，常见的发育类型有铁线蕨型（Adiantum-type）、水蕨型（Ceratopteris-type）、三叉蕨型（Aspidium-type）和槲蕨型（Drynaria-type）等。此阶段可对性器官精子器、颈卵器、性别、配子体形成及各种毛状体的形成等问题进行研究（图 28-1⑥～⑨）。

【作业】

以小论文形式撰写实验报告。比较和分析讨论不同培养条件对孢子萌发、分裂速率，以及假根、丝状体、片状体、性器官精子器、颈卵器、性别、配子体和各种毛状体的形成及配子体发育等的影响。

第二篇

细胞生物学习题指南

第一部分　习题精选

第一章　绪　　论

一、名词解释

1. 细胞生物学（cell biology）
2. 原生质（protoplasm）
3. 原生质体（protoplast）

二、填空题

1. 第一次观察到死细胞（细胞壁）并命名为 cell 的是 1665 年英国的______；第一次真正观察到活细胞有机体的是 1674 年荷兰的______。

2. 比利时生物学家阿尔伯特·克劳德（Albert Claude）、克里斯汀·德·迪夫（Christian de Duve）及美国生物学家乔治·帕拉德（George Palade）因从事细胞结构和机能的研究共同获得 1974 年诺贝尔生理学或医学奖。他们的贡献分别是建立了______和______，发现了细胞中的一些细胞器，包括______与______，改进了电子显微镜样品固定技术，并应用于动物细胞超微结构的研究，发现了______和______结构。

3. 美国生物学家沃森（James Watson）和英国生物物理学家克里克（Francis Harry Compton Crick）主要根据富兰克林（Rosalind Elsie Franklin）对______的结果，1953 提出______获 1962 年的诺贝尔生理学或医学奖，由此产生了分子生物学，也把细胞生物学引入分子细胞生物学。

三、选择题

1. 最早观察到细胞的学者是（　　）。

A. R.Brown　　B. A.van Leeuwenhoek

C. Z.Jansen　　D. R.Hooke

2. 细胞学说的创立者是（　　）。

A. O.Hertwig 和 E.Strasburger　　B. M.Schleidon 和 T.Schwann

C. W.Flemming 和 Schleicher　　D. R.Brown 和 E.Dujardin

3. 提出原生质理论的学者是（　　）。

A. Pukinje　　B. Max Schultze

C. von Mohl　　D. Hanstein

4. 在下列 4 位学者中，哪一位最早观察到活细胞？（　　）

A. Z.Jansen　　B. A.van Leeuwenhoek

C. R.Hooke D. R.Brown

5. 明确提出“细胞来自细胞”的学者是（　　）。

A. T.Schwann B. R.Hooke

C. R.Virchow D. R.Brown

四、问答题

1. 简述细胞学说的产生、内容及意义。
2. 胡克和列文虎克发现细胞的动机是什么？你对此有何感想？
3. 简述当前细胞生物学研究最集中的领域。
4. 为什么说21世纪的上半叶当属细胞科学的世纪？
5. 1997年英国《自然》杂志报道了一项震惊世界的研究成果：英国罗斯林研究所（Roslin）的维尔穆特（Wilmut）科研小组利用高度分化的体细胞（乳腺细胞）克隆出多莉。该项成果有什么重大意义？

第二章 细胞的统一性和多样性

一、名词解释

1. 真核细胞（eukaryotic cell）
2. 细胞器（organelle）
3. 中膜体（mesosome）
4. 古生菌（Archaea）

二、填空题

1. 与真核细胞相比，原核细胞在DNA复制、转录与翻译上具有______的特点。

2. 真核细胞的表达与原核细胞相比复杂得多，能在______、______、______、______和______等多个层次上进行调控。

3. 病毒是不同时含有______、专性______内寄生的______生物。

4. 原核细胞的遗传信息量小，遗传信息载体仅由一个环状的______构成，细胞内没有专门的______和______，其细胞膜则具有______性。

5. 细胞的基本共性是______、______和______。

6. 真核细胞亚显微水平的三大基本结构体系是______、______和______。

7. 伊凡诺夫斯基（D.I.Iwanowski）1892年发现的第一个病毒是______，是一种病毒______。1916年，美国生物学家裴顿·劳斯（Peyton Rous）教授从鸡的肉瘤滤出液中发现了第一种反转录病毒，后来称为______，Rous也因此获得1966年的诺贝尔生理学或医学奖，这是______。后来在正常细胞的DNA中也发现了与病毒癌基因几乎完全相同的DNA序列，被称为______。

8. 20世纪80年代，美国的史坦利·布鲁希纳（Stanley Prusiner）教授在研究引起人类脑神经退化而成痴呆病的病原体中发现了一种全新的蛋白质致病因子______，这是一种具传染能力的朊病毒蛋白（prion protein，PrP）；他因在其致病机制的研究方面做出了杰出贡献而获 1997 年诺贝尔生理学或医学奖。

9. 1982 年，澳大利亚科学家巴里·马歇尔（Barry J.Marshall）与罗宾·沃伦（Robin Warren）发现______及其导致胃炎、胃溃疡与十二指肠溃疡等疾病的机制而获得 2005 年诺贝尔生理学或医学奖。

10. 20 世纪七八十年代，德国科学家哈拉尔德·楚尔·豪森（Harald zur Hausen）发现了导致宫颈癌的______，为宫颈癌疫苗的诞生奠定了基础；两名法国科学家弗朗索瓦丝·巴尔-西诺西（Françoise Barré-Sinoussi）和吕克·蒙塔尼（Luc Montagnier）发现了______，使医学界找到了确诊艾滋病病毒感染的办法；他们因此分享了 2008 年的诺贝尔生理学或医学奖。

三、选择题

1. 原核细胞与真核细胞都具有的细胞器是（　　）。

A. 核糖体　B. 线粒体　C. 高尔基体　D. 中心体

2. 下列哪种细胞器为非膜相结构？（　　）

A. 核糖体　B. 内质网　C. 线粒体　D. 溶酶体

3. 关于病毒，下列哪项叙述有误？（　　）

A. 为一大类非细胞生命体

B. 其遗传物质均为DNA

C. 需寄生在细胞中才能生存和繁殖

D. 分为动物、植物和细菌病毒三类

E. 主要由蛋白质外壳包围核酸分子构成

4. 真核细胞需要维持细胞内重要大分子的浓度，采取的方法是（　　）。

A. 将细胞分成不同的区室，进行不同的生物反应

B. 加大合成的速率，以生产足够的生物大分子

C. 降低代谢活动

D. 延长生物大分子的寿命

5. 原核细胞的呼吸酶定位在（　　）。

A. 细胞质中　B. 质膜上　C. 线粒体内膜上　D. 类核区内

6. 在英国引起疯牛病的病原体是（　　）。

A. 朊病毒　B. 病毒　C. 立克次体　D. 支原体

四、问答题

1. 真核生物膜结构体系的形成有什么意义？
2. 细胞体积的守恒定律是什么？是什么机制使其体积保持在一定范围内？
3. 有人认为病毒是介于生命与非生命之间的一种特殊结构，你的意见如何？
4. 简述病毒与细胞在起源与进化中的关系。

5. 比较原核细胞与真核细胞的差别。

6. 试述古细菌（archaebacteria）与细菌的区别，并探讨古细菌、细菌与真核细胞的亲缘关系。

第三章 细胞生物学研究方法

一、名词解释

1. 分辨率（limit of resolution）
2. 冷冻蚀刻技术（freeze etch technique）
3. 单克隆抗体（monoclonal antibody）
4. 原代细胞培养（primary cell culture）
5. 细胞融合（cell fusion）
6. 流式细胞术（flow cytometry，FCM）

二、填空题

1. 光学显微镜与透射电子显微镜的成像原理基本一样，不同的是光学显微镜使用的光源是______，使用的透镜是______；而透射电镜使用的光源是______，使用的透镜是______。

2. 对样品结构或其组分进行定性、定位、定量观察检测可选用______。对活细胞的内部结构观察可选用______，对细胞的形态和运动观察可选用______。

3. 相差显微镜与普通显微镜主要不同之处在于用______代替______，用______（通常用“ph”标志）代替______，并带有一个______及______。

4. 根据被观察物质的荧光特征，落射式荧光显微镜需在光路的插槽中插入所要求的______、______和______的插块。紫外线照射后能在荧光显微镜下看到植物细胞叶绿素发出的______自发荧光；如用吖啶橙染色（选用蓝色激发滤片），就能看到叶绿素显示______的二次荧光。

5. 生物学上常用的电镜技术包括______、______和______等。观察生物膜的内部结构可采用______。

6. 细胞组分的分级分离方法有______、______和______。

7. 流式细胞术（flow cytometry，FCM）是细胞生物学和现代生物技术中的重要技术，可用于对细胞或亚细胞结构进行快速测量的新型______和______。

8. 1932 年荷兰科学家泽尔尼克（Frits Zernike）因发明了______获 1953 年诺贝尔物理学奖，使人们不染色就能对______进行培养观察研究。

9. 1932 年德国科学家鲁斯卡（Ernst Ruska）设计了第一架______，使生物学家得以从______上重新认识细胞，发现了许多光学显微镜下看不到的结构，如细胞膜、线粒体、细胞核、高尔基体、中心粒等细胞器的细微结构。

10. 瑞士科学家鲁西利康（Ruschlikon）、罗雷尔（Heinrich Rohrer）1981 年设计出

了______，他们共同获得 1986 年诺贝尔物理学奖。这种显微镜对生物、物理、化学等学科均有推动作用，可用于______研究。

11. ______具有分泌抗体的能力，但不能长期培养；______可以在体外长期培养，但不分泌抗体。1975 年德国科学家 Kohler 和英国科学家 Milstein 将两种细胞杂交而创立了______，并因此获 1984 年诺贝尔奖。

12. 美国科学家本茨格（Eric Betzig）、默尔纳（William E.Moerner）和德国科学家赫尔（Stefan W.Hell）因__________方面的贡献共同分享了 2014 年的诺贝尔化学奖。超高分辨率荧光显微技术使光学显微镜突破了其分辨能力只能达到光的波长的一半的极限，把光学显微镜的分辨力从__________带进了__________，可以在细胞中观察到__________。

三、选择题

1. 用于观察细胞培养瓶中活细胞的显微镜是（　　）。
A. 荧光显微镜　B. 相差显微镜　C. 倒置显微镜　D. 扫描电子显微镜
2. 冰冻蚀刻技术主要用于（　　）。
A. 电子显微镜　B. 光学显微镜　C. 微分干涉显微镜　D. 扫描隧道显微镜
3. 流式细胞术可用于测定（　　）。
A. 细胞的大小和特定细胞类群的数量
B. 分选出特定的细胞类群
C. 细胞中 DNA、RNA 或某种蛋白质的含量
D. 以上三种功能都有
4. 直接取材于机体组织的细胞培养称为（　　）。
A. 细胞培养　B. 原代培养　C. 传代培养　D. 细胞克隆
5. 细胞融合的诱导剂主要有（　　）。
A. PEG（聚乙二醇）　B. TMV（烟草花叶病）病毒
C. 亚硝酸-诱变剂　D. PHV（植物凝集素）
6. 显微镜的分辨率与下列哪一项无关？（　　）
A. 光源的波长 λ　B. 物镜的镜口角 α
C. 介质的折射率 n　D. 放大倍数
7. 光学显微镜同电子显微镜比较，下列各项中（　　）是不正确的。
A. 电子显微镜用的是电子束，而不是可见光
B. 电子显微镜样品要在真空中观察，而不是暴露在空气中
C. 电子显微镜和光学显微镜的样品都需要用化学染料染色
D. 用于电子显微镜的标本要彻底脱水，光学显微镜则不必

四、问答题

1. 简述光学显微镜和电子显微镜成像原理的异同。
2. 为什么电子显微镜不能完全替代光学显微镜？
3. 细胞融合有哪几种方法？病毒诱导与 PEG 的作用机制有何不同？

第四章 细 胞 质 膜

一、名词解释

1. 脂质体（liposome）
2. 溶血作用（hemolysis）
3. 胆固醇（cholesterol）
4. 荧光漂白恢复技术（fluorescence photobleaching recovery，FPR）
5. 膜骨架（membrane skeleton）

二、填空题

1. 膜的主要成分是膜脂、膜蛋白、膜糖三大类。膜蛋白在膜上的存在方式可分为______、______和______；膜的生物学功能主要由______完成。

2. ______是目前普遍接受的细胞质膜结构模型，它强调了膜的______和膜的______。

3. 膜流动性的研究方法有______、______、______和______。

4. 膜骨架蛋白主要成分包括______、______、______和______等。

三、选择题

1. 影响膜脂流动性的重要因素是磷脂分子脂肪酸链的不饱和程度。不饱和性越高，流动性越大，其原因是（　　）。

A. 双键多，折曲小　　B. 双键多，折曲多
C. 分子排列疏松　　D. 分子排列紧密

2. 用光脱色恢复技术可以证明膜的流动性，其原理是膜蛋白或膜脂（　　）。

A. 用激光束猝灭质膜上一部分膜受体的荧光素
B. 用紫外线猝灭膜蛋白和膜脂的荧光素
C. 用紫外线猝灭膜蛋白或膜脂的荧光素
D. 用激光照射细胞的整个表面使荧光猝灭

3. 构成膜脂双分子层结构的脂类是（　　）。

A. 兼性分子　　B. 疏水分子　　C. 极性分子　　D. 双极性分子

4. 目前被广泛接受的生物膜分子结构模型是（　　）。

A. 片层结构模型　　B. 单位模模型　　C. 流体镶嵌模型　　D. 晶格镶嵌模型

5. 完成细胞膜特定功能的主要组分是（　　）。

A. 膜脂双层　　B. 膜蛋白　　C. 细胞外被　　D. 糖脂

6. 生物膜脂双层的流动性主要取决于（　　）。

A. 磷脂　　B. 胆固醇　　C. 鞘磷脂　　D. 脑苷脂

四、问答题

1. 简述生物膜的流动镶嵌模型的内容和意义。

2. 膜的流动性是什么？与它的生理功能有什么联系？影响膜的流动性的因素有哪些？

3. 膜的不对称性是什么？与它的生理功能有什么联系？膜的不对称性表现在哪些方面？

4. 膜的流动性和膜的不对称性的研究方法有哪些？

5. 有人说红细胞是研究膜结构的最好材料，你能说说理由吗？

6. 红细胞质膜膜蛋白、膜骨架的成分、膜骨架结构及功能是什么？

7. 奥地利医学家、生理学家卡尔·兰德斯坦纳（Karl Landsteiner）在1900年发现了人类的血液按红细胞与血清中的不同抗原和抗体可分为许多类型，当时他发现了A、B、O三种血型，并因此获得1930年诺贝尔生理学或医学奖。试述红细胞膜上的糖基是如何决定血型的？

第五章 物质的跨膜运输

一、名词解释

1. 主动运输（active transport）
2. 被动运输（passive transport）
3. 协同转运（cotransport）

二、填空题

1. ______能形成充满水的孔道，穿越膜双分子层，协助特异离子的扩散；______可在两种构象之间来回转变，可连续地开口于膜双分子层的外面和里面，结合和释放特异离子的物质和离子。

2. 主动运输的4个基本特点是：______、______、______、______。

3. 参与主动运输的ATPase可分为______泵、______泵、______泵和______运输蛋白。

4. 在钠钾泵中，每消耗1分子的ATP可以转运______个钠离子和______个钾离子。

5. 真核细胞中，大分子的跨膜运输是通过______和______来完成的。

6. _______、_______和_______都是Ca^{2+}库，原因是在内质网、肌质网和细胞质膜上都有______的存在。

三、选择题

1. 不能通过简单扩散进出细胞膜的物质是（　　）。

A. O_2　　B. N_2　　C. 乙醇　　D. 丙三醇　　E. Na^+

2. Na^+-K^+泵水解一分子ATP可转运（　　）。

A. 3个Na^+、2个K^+　　B. 3个K^+、2个Na^+

C. 2个Na^+、2个K^+　　D. 3个Na^+、3个K^+

3. 小肠上皮细胞吸收葡萄糖是通过（　　）来实现的。

A. Na^+-泵　　B. Na^+通道　　C. Na^+-偶联运输　　D. Na^+交换运输

四、问答题

1. 扩散（diffusion）和渗透（osmosis）有什么不同?

2. 比较被动运输与主动运输的特点及其生物学意义。

3. 动物细胞、植物细胞和原生动物细胞应对低渗膨胀的机制有何不同?

4. 在细胞内部，Na^+的浓度比细胞外的要低，而 K^+浓度比细胞外的环境高。丹麦科学家斯科（Jens C.Skou）因为首先发现了维持细胞中 Na^+和 K^+平衡的 Na^+/K^+ATPase 而获 1997 年度诺贝尔化学奖。试述 Na^+/K^+泵（Na^+/K^+pump 或 Na^+/K^+ATPase）的结构、作用机制及意义。

5. 如何理解“被动运输是减少细胞与周围环境的差别，而主动运输则是努力创造差别，维持生命的活力”？

6. 美国科学家彼得·阿格雷（Peter Agre）因对细胞膜水通道的发现及研究而获得2003年诺贝尔化学奖。请问什么是水通道蛋白（aquaporin、AQP）？传统观点认为水分子是以简单扩散的方式通过排列紧密的膜脂双分子层；据此水分子通过细胞膜时的速率应该很慢，但事实上为什么水分子能以很快的速率大量通过细胞膜?

7. 胆固醇在体内主要以低密度脂蛋白（LDL）形式通过血液转运被肝细胞摄取，肝脏能把胆固醇清除出体外，从而防止胆固醇在血液和动脉中蓄积。血管血液中胆固醇水平过高是导致动脉粥样硬化性心脏病的重要原因。1973 年，两位美国科学家布朗（Michael S.Brown）和戈尔茨坦（Joseph L.Goldstein）发现细胞表面有 LDL 受体存在，这种受体能与血液中含胆固醇的脂蛋白颗粒结合，它在把胆固醇从血液转移到肝细胞内的过程中起着关键作用，两位科学家因此获 1985 年诺贝尔生理学或医学奖。试以肝细胞摄取 LDL 为例，简述 LDL 经受体介导的内吞作用被吞入细胞和被利用的过程。

第六章 细胞的能量转换——线粒体和叶绿体

一、名词解释

1. 线粒体（mitochondrion）
2. 结合变构模型（binding change model）
3. 内共生学说（endosymbiont theory）
4. 呼吸链（respiratory chain）

二、填空题

1. 能对线粒体进行专一染色的活性染料是______。

2. 线粒体各部位都有其特异的标志酶，内膜是______、外膜是______、膜间隙是______、基质是______。

3. 线粒体中，氧化和磷酸化密切偶联在一起，但却由两个不同的系统实现的，氧化过程主要由______实现，磷酸化主要由______完成。

4. 在线粒体中ATP合酶是一个具有可逆功能的酶复合体；根据细胞生理活动的需要，它既可以通过膜上的质子动势驱动质子流通过ATP合酶，从而______；也可以利用ATP酶来______，获得的能量用于驱动质子跨膜运输到膜间隙。

5. 植物细胞中具有特异的质体细胞器，主要分为______、______和______。

6. 类囊体膜有______、______、______和______的一系列分子，完成由光引起的光化学反应，因此，类囊体膜又称为______，是光合作用______的场所。

7. 在自然界中含量最丰富，并且在光合作用中起重要作用的酶是______。

8. 光合作用的过程主要可分为三步：______、______和______。

9. 叶绿体光合磷酸化的机制与线粒体的______机制相似。在电子传递过程中，类囊体膜两侧建立______。光合磷酸化分为______和______。

三、选择题

1. 下面关于线粒体外膜的描述中，哪一种是不正确的？（　　）

A. 外膜对于 H^+ 是不通透性的　　B. 外膜对于小分子的物质是高度通透的

C. 外膜在组成上，蛋白质和脂各占 50%　　D. 外膜具有许多孔蛋白

2. 下面哪一种情况不是氧化磷酸化的特点？（　　）

A. 将磷直接从底物转给 ADP　　B. 线粒体内膜两侧建立了电化学梯度

C. 具有膜结合的 ATP 合酶　　D. 具有质子驱动的力

3. 线粒体膜内膜的标志酶是（　　）。

A. 苹果酸脱氢酶　　B. 单胺氧化酶　　C. 细胞色素氧化酶　　D. 腺苷酸激酶

4. 线粒体内膜的通透性较差，原因是内膜含有较多的（　　）。

A. 脑磷脂　　B. 卵磷脂　　C. 胆固醇　　D. 心磷脂

5. 线粒体内膜上不具有质子传递功能的酶系是（　　）。

A. NADH-Q 还原酶　　B. 琥珀酸-Q 还原酶

C. 细胞色素还原酶　　D. 细胞色素氧化酶

6. 下列各种膜中，蛋白质与脂类比值最高的膜是（　　）。

A. 质膜　　B. 类囊体膜　　C. 线粒体内膜　　D. 线粒体外膜

7. 在叶绿素分子中激发态电子的能量（　　）。

A. 以热的形式释放　　B. 以荧光的形式释放

C. 传递给电子受体　　D. 以上所有都对，根据环境决定

8. 下列哪一个关于叶绿体膜的描述是正确的？（　　）

A. 类囊体膜不能透过质子　　B. ATP 合成酶定位于叶绿体外膜

C. ATP 合成酶定位于叶绿体内膜　　D. 以上都对

9. 下列哪一项未参与形成跨类囊体膜的质子浓度梯度？（　　）

A. 光裂解水　　B. 铁氧还蛋白 $NADP^+$-还原酶

C. 细胞色素 b_6f 复合物　　D. 质体蓝素

10. 下列哪一项不属于二磷酸核酮糖羧化酶的特点？（　　）

A. 它将 CO_2 与一个二碳化合物相连，结果合成一个 3-磷酸甘油酸

B. 它是地球上含量最丰富的蛋白质

C. 它既能催化碳的固定又能催化光呼吸

D. 它可以溶在叶绿体基质中

11. 若想分离磷酸烯醇式丙酮酸羧化酶，应该选择哪部分？（ ）

A. C_4植物的维管鞘细胞 B. C_4植物叶肉细胞

C. C_3植物的叶绿体 D. CAM 植物的线粒体

12. 下列哪些组分与线粒体和叶绿体的半自主性相关？（ ）

A. 环状 DNA B. 自身转录 RNA

C. 翻译蛋白质的体系 D. 以上都是

13. 用剧烈方法分离到的叶绿体是Ⅱ型叶绿体，不能（ ）。

A. 产生 O_2 B. 不能合成 ATP

C. 不能产生 NADPH D. 不能固定 CO_2

14. 下面哪一种情况不是氧化磷酸化的特点？（ ）

A. 将磷直接从底物转给 ADP

B. 线粒体内膜两侧建立了电化学梯度

C. 具有膜结合的 ATP 合酶

D. 具有质子驱动的力

四、问答题

1. 简述线粒体内膜的特点和主要功能。

2. 试比较线粒体与叶绿体结构和功能的主要差异。

3. 1961 年米歇尔（Peter Mitchell）提出了化学渗透学说（chemiosmotic hypothesis），阐明了电子传递链中电子传递和 ADP 磷酸化的偶联是通过在膜内外造成了电化学质子梯度进行的，他因此获得了 1978 年的诺贝尔奖；氧化磷酸化的化学渗透假说“解决了水力发电站筑坝的机制”，试述化学渗透学说的基本内容。

4. 20 世纪 70 年代，美国的博耶（Paul D.Boyer）提出了由 ADP 和无机磷生成 ATP 的机制——“结合变构机制”（binding change mechanism），阐明了 ATP 合酶是如何利用跨膜的质子梯度使 ADP 和无机磷间建立共价键而形成 ATP 的。1994 年沃克及其合作者阐明了 ATP 合成酶的三维空间结构并获得了高分辨率牛心线粒体 F1-ATP 酶的晶体结构。美国的博耶（Paul D.Boyer）和英国的沃克（Jonh E.Walker）因此获得 1997 年度诺贝尔化学奖。ATP 合酶的结构模型“解决了水力发电站发动机的结构问题”，而 ATP 合酶的结合变构机制则“解决了水力发电站如何发电的问题”。试述 ATP 合酶的结构、功能和结合变构机制的主要内容。

5. 为什么说线粒体和叶绿体是半自主性细胞器？

6. 线粒体与细胞凋亡有何关系？它是如何参与并启动细胞进入死亡程序的？

7. 简述线粒体和叶绿体的起源。

第七章 真核细胞内膜系统、蛋白质分选与膜泡运输

一、名词解释

1. 内膜系统（endomembrane systems）
2. 信号序列（signal sequence）
3. 信号肽（signal peptide）
4. 信号识别颗粒（signal recognition particle，SRP）
5. 共翻译转运（co-translational translocation）
6. 网格蛋白（clathrin）
7. 肌质网（sarcoplasmic reticulum）
8. 膜泡运输（vesicular transport）

二、填空题

1. 光面内质网的功能有______、______、______、______和调节钙离子浓度等。

2. 植物细胞中与溶酶体功能类似的结构是______、______和______。

3. 溶酶体酶在合成中发生特异性的糖基化修饰，即都产生______。

4. 原核细胞中核糖体一般结合在______，而真核细胞中则结合在______。

5. 过氧化物酶体的标志酶是______，植物细胞中过氧化物酶体又称为______。

6. 信号假说中，要完成含______的蛋白质从细胞质中向内质网的转移需要细胞质中的______和内质网膜上的______参与协助。

7. 在内质网上进行的蛋白质合成过程中，肽链边合成边转移到内质网腔中的方式称为______。而含导肽的蛋白质在细胞质中合成后再转移到细胞器中的方式称为______。

8. 在内质网上合成的蛋白主要包括______、______和______等。

9. 根据外被蛋白质的不同，将膜泡分为______、______和______。

10. 细胞膜是不能自发融合的，否则细胞和胞内膜泡结构的个性就不能保持。要实现膜的融合就必须通过膜融合蛋白来解决膜间距离（<1.5nm）和排除水分子的问题。不同膜使用的膜融合蛋白不一样，细胞内膜与小泡之间的膜融合是由一类称为______的来介导的。

11. 分泌小泡寻靶可用______解释。Rab 蛋白可调节______。

12. 膜的合成是通过不断地将脂和蛋白质插入已有的膜。磷脂的插入是通过______，或通过和膜融合。而膜融合蛋白则来源于______，细胞内侧的外周蛋白则是由______合成的。

三、选择题

1. 下列蛋白质中，属于膜旁核糖体合成的有（　　）。

A. F_0-F_1-ATP 酶复合体　　B. 细胞膜通道蛋白

C. 16S 核糖体亚基蛋白　　D. 参与三羧酸循环的酶

2. 下面哪种蛋白质不是在粗面内质网上合成的（　　）。

A. 抗体 B. 溶酶体膜蛋白 C. 胶原蛋白 D. 核糖体蛋白

3. 细胞质中合成的叶绿体蛋白在 N 端含有一个额外的氨基酸序列，称为（　　）。

A. 信号肽 B. 导肽 C. 转运肽 D. 寡肽

4. 下列哪种细胞器在代谢过程中直接需要氧气？（　　）

A. 溶酶体 B. 核糖体 C. 高尔基体 D. 过氧化物酶体

5. *N*-连接糖基化与 *O*-连接糖基化的相似之处在于（　　）。

A. 合成方式 B. 与肽链结合的第一个糖残基

C. 与寡糖链结合的氨基酸残基 D. 最后一个糖残基往往是唾液酸

6. 在下列 4 种细胞器中，质子泵存在于（　　）。

A. 高尔基体膜上 B. 溶酶体膜上

C. 过氧化物酶体膜上 D. 内质网膜上

7. 肝细胞的解毒作用主要是通过（　　）的氧化酶系进行的。

A. 线粒体 B. 叶绿体 C. 细胞质膜 D. 光面内质网

8. 植物细胞中没有真正的溶酶体，下列细胞器中，（　　）可起溶酶体的作用。

A. 内质网 B. 圆球体 C. 微体 D. 线粒体

9. 下列蛋白质中，合成前期具有信号肽的是（　　）。

A. 微管蛋白 B. 肌动蛋白 C. 肌钙蛋白 D. 停靠蛋白

10. 细胞摄入 LDL 颗粒的过程是（　　）。

A. 自由扩散 B. 吞噬作用

C. 主动运输 D. 受体介导的胞吞作用

11. 溶酶体的水解酶形成磷酸甘露糖标志的受体在（　　）

A. 粗面内质网 B. 滑面内质网

C. 溶酶体 D. 高尔基复合体及粗面内质网

12. 过氧化物酶体的主要功能是（　　）。

A. 合成 ATP B. 胞内消化作用

C. 参与过氧化氢的形成及分解 D. 合成蛋白质

13. 具运输和分拣内吞物质的细胞器是（　　）。

A. 衣被小体 B. 平滑小体 C. 胞内体 D. 溶酶体

14. 导肽在蛋白质运送时，先要将被运送的蛋白质（　　），运送到位后再进行（　　）。

A. 解折叠；折叠 B. 变性；复性

C. 磷酸化；去磷酸化 D. 糖基化；去糖基化

15. 膜旁核糖体合成的蛋白质可以运往哪些细胞器？（　　）

A. 溶酶体 B. 线粒体 C. 过氧化物酶体 D. 细胞核

16. 有关高尔基体的生物学特点，下列说法错误的是（　　）。

A. 各部分含有相同的酶

B. 由大小不一、形态多变的囊泡体系组成

C. 从结构和功能上都是一种有极性的细胞器

D. 是寡聚糖进一步被修饰产生复杂寡聚糖的场所

四、问答题

1. 简述溶酶体膜的特征。
2. 溶酶体中含有的都是水解酶类，溶酶体破裂会使细胞裂解吗？
3. 简述溶酶体发生的甘露糖-6-磷酸途径。
4. 为什么说高尔基复合体是具有极性的细胞器？
5. 光面内质网是如何参与肝细胞维持血液中葡萄糖水平的恒定？
6. 高尔基复合体各部分囊泡在组成、化学反应上的差异，说明了一个什么问题？与其生物学功能之间又有什么关系？
7. 什么叫胞内体（endosome）？怎样分类和区别？
8. 比较蛋白质 *N*-连接糖基化和 *O*-连接糖基化。
9. 何为细胞内蛋白质分选（protein sorting）？细胞内蛋白质的分选途径与生物学意义是什么？
10. “地址标签”信号肽引导新合成的蛋白质分子到达细胞内恰当的地点；如果信号出错，新合成的蛋白会在细胞内错误的地点“安家”，就会导致一系列疾病，尤其是一些遗传性疾病。1971 年，德裔美国生物学家布洛伯尔（Gunter Blobel）发现了“蛋白质自身具有内在的信号指导其在细胞内的转运和定位”，并首次系统地提出了“信号假说”；他因此被授予 1999 年诺贝尔生理学或医学奖。试述蛋白质共翻译转运的机制——信号肽假说的主要内容。
11. 真核生物活细胞每时每刻都在合成各种分子，这些分子在细胞内运输，或运出，或从细胞外运入。这些分子在细胞内多数是以“小泡”的形式传递的，这就是细胞的膜泡运输。试述膜泡运输的类型及其特点，并结合相关诺贝尔生理学或医学奖解读这一重要生命活动的阐明过程。
12. 如何理解膜结合细胞器在细胞内是按功能、分层次分布的？

五、填图题（习题图 1）

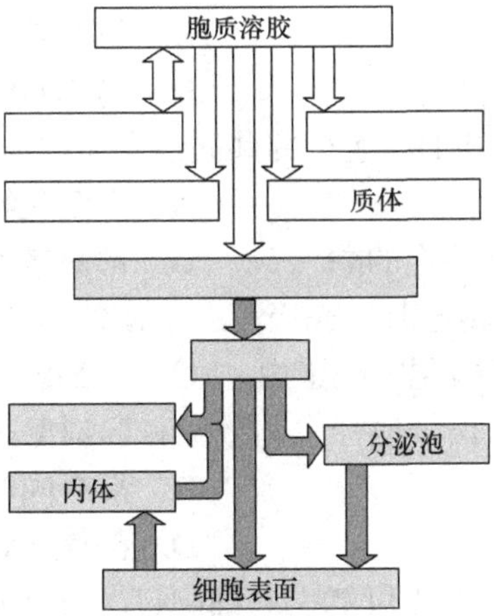

习题图 1 真核细胞膜泡运输系统

第八章 细胞信号转导

一、名词解释

1. 细胞通讯（cell communication）
2. 信号传导（cell signaling）
3. 信号转导（signal transduction）
4. 信号分子（signaling molecule）
5. Ras 蛋白（Ras protein）
6. 受体酪氨酸激酶（receptor tyrosine kinase，RTK）

二、填空题

1. 细胞膜表面受体主要有三类，即______、______、和______。
2. 信号分子也称为配体，可分为______、______和______。
3. 由 G 蛋白介导的信号通路主要包括______和______。
4. Ras 蛋白在 RTK 介导的信号通路中起着关键作用，具有______，当结合______时为活化状态，当结合______时为失活状态。
5. 整联蛋白介导的______、______也是细胞表面受体介导的信号转导的重要方式。
6. 细胞信号转导系统具有______、______和______等现象。信号的终止通过______、______、______及______的作用来实现。

三、选择题

1. 在膜受体转导信号时，不能作为第二信使的物质是（　　）。
A. cAMP　　B. cGMP　　C. G 蛋白　　D. IP_3 和 DG
2. 在 G 蛋白中，α 亚基的活性状态是（　　）。
A. 与 GTP 结合，与 βγ 分离　　B. 与 GTP 结合，与 βγ 聚合
C. 与 GDP 结合，与 βγ 分离　　D. 与 GTP 结合，与 βγ 聚合
3. AMP 信号途径与 IP_3 和 DG 途径的共同点是（　　）。
A. 都活化 AC　　B. 都活化特异的磷脂酶 C
C. 都要通过 G 蛋白活化特定的酶　　D. 都只产生一种第二信使
4. 在催化受体完成信号转导时，充当第二信使的是（　　）。
A. TPK　　B. 磷酸化的靶蛋白　　C. cAMP　　D. Ca^{2+}
5. 偶联 G 蛋白的 cAMP 信号途径中刺激型和抑制型途径的共同点是（　　）。
A. G 蛋白都作用于 AC　　B. 都有同样的 G 蛋白
C. 都有同样的受体　　D. 都使 cAMP 含量上升
6. *ras* 基因发生哪一种突变很可能引起细胞过度分裂？（　　）
A. 发生突变后不能水解 GTP　　B. 发生突变后不能同 GTP 结合

C. 发生突变后不能同 Grb2 或 Sos 结合 D. 发生突变后不能同 Raf 结合

7. 在下列 G 蛋白中能够被霍乱毒素抑制 GTP 酶活性的是（ ）。

A. Gi B. Gs C. Gp D. G-Ras

8. 肾上腺素可诱导一些酶将储藏在肝细胞和肌细胞中的糖原水解，第一个被激活的酶是（ ）。

A. 蛋白激酶 A B. 糖原合成酶 C. 糖原磷酸化酶 D. 腺苷酸环化酶

9. 如果用匀浆法破碎肝脏细胞，通过离心技术可以分离成主要含有颗粒状的细胞膜组分和可溶性的细胞质基质部分（上清液组分），在上清液中加入肾上腺素，判断将会产生以下哪个现象？（ ）

A. 产生 cAMP B. 肾上腺素与其受体结合

C. 激活腺苷酸环化酶 D. 以上均不会发生

10. 有关 cAMP 信号途径，下列说法错误的是（ ）。

A. 这一途径的首要效应酶是腺苷酸环化酶

B. 霍乱毒素可引起 cAMP 升高

C. 结合 GDP 的 α 亚基具有活性

D. βγ 亚基复合物与游离的 Gs 的 α 亚基结合，可使其失活

四、问答题

1. 20世纪60年代，美国科学家罗德贝尔（Martin Rodbell）发现胰高血糖素发挥作用时除需产生cAMP 的原料ATP外，还需另一个能量分子GTP的参与，又进一步发现GTP是通过激活一种特定蛋白质来发挥生物学作用的，因此将这种蛋白质称为GTP结合蛋白（GTP binding protein），简称为G蛋白（G-protein）。20世纪70年代，美国科学家吉尔曼（Alfred Gilman）纯化了G蛋白，发现其是由3个亚基组成，即α、β和γ，因此又称为异三聚体G蛋白。他们也因G蛋白及其在细胞内信号转导中作用的发现而分享1994年诺贝尔生理学或医学奖。请问：什么叫G蛋白（G protein）？简述G蛋白偶联系统中的G蛋白的组成及在信号转导中活性调节的过程。

2. 1968 年，美国科学家罗伯特・J・莱福特霍维茨（Robert J.Lefkowitz）成功地采用碘同位素标记了 β-肾上腺素受体，并使其在细胞膜上显示出来。20 世纪 80 年代，美国科学家布莱恩・K・卡比尔卡（Brian K.Kobilka）等从人类基因库中克隆出 β-肾上腺素受体基因，并于 2011 年获得了 β-肾上腺素受体被激素激活时的清晰结构图。从此揭示了细胞表面最大的一个受体家族——G 蛋白偶联受体（G-protein linked receptor，GPCR）家族的秘密；他们也因在 G 蛋白偶联受体方面的贡献而获得 2012 年诺贝尔化学奖。请问：什么是 G 蛋白偶联受体？简述其结构并举例说明其在临床药物的调控功能。

3. 20 世纪五六十年代，瑞士-美国科学家埃德蒙・费希尔（Edmond H.Fischer）和埃德温・克雷布斯（Edwin Gerhard Krebs）在研究糖原水解时发现蛋白质的磷酸化修饰是一个可逆过程，并证实在糖原合成过程中调节的可逆磷酸化机制，他们因此被授予 1992 年诺贝尔生理学或医学奖，以表彰他们关于蛋白质可逆磷酸化作为一种生物调节机制的研究。六七十年代，罗德贝尔（Martin Rodbell）和吉尔曼（Alfred Gilman）发现并纯化了 G

蛋白，发现其在细胞内信号转导中发挥重要作用，他们也因此分享了 1994 年诺贝尔生理学或医学奖。蛋白质可逆磷酸化修饰和 G 蛋白在细胞内信号转导中起“开关”作用。请问：何谓细胞信号传递中的分子开关（molecular switch）？说明其作用机制。

4. 比较 cAMP 信号系统与 IP3-DAG 信号系统在跨膜信号传递作用中的异同。

5. 20世纪六七十年代，美国科学家艾尔佛列·古曼·吉尔曼（Alfred Goodman Gilman）和马丁·罗德贝尔（Martin Rodbell）发现G蛋白及其在细胞中转导信息的作用，他们也因此分享了1994年诺贝尔生理学或医学奖。G蛋白可传导和调节细胞中的信号，控制着细胞中基本的生命过程，这种蛋白质如果出现功能紊乱就会导致疾病。请问：霍乱毒素引起腹泻的机制是什么？

6. 1957年，美国科学家萨瑟兰Earl Sutherland在研究狗肝脏组织中糖原是如何断裂时发现了cAMP，之后他提出了“第二信使假说”，萨瑟兰也因此获得了1971年诺贝尔生理与医学奖。请问：什么叫第二信使？简述cAMP信号通路。

7. 试述哺乳动物细胞中由信号分子胰高血糖素或肾上腺素触发糖原分解的信号转导机制。

8. 简述PKC系统（protein kinase C system，PKC system）。

9. 20世纪80年代，美国科学家罗伯特·佛奇戈特（Robert F.Furchgott）、路易斯·伊格纳罗（Louis J.Ignarro）和佛里德·默拉德（Ferid Murad）发现硝酸甘油及其他有机硝酸酯通过释放一氧化氮气体而舒张血管平滑肌，从而扩张血管，他们发现了一氧化氮（NO）是心血管调节血压和血流的信号分子，由此他们获得了1998年诺贝尔生理学或医学奖。试述NO介导心脏或其他部位的血管平滑肌舒张的信号通路及硝酸甘油治疗心绞痛的作用机制。

10. 试述受体酪氨酸激酶介导的信号通路及主要功能。

第九章 细 胞 骨 架

一、名词解释

1. 细胞骨架（cytoskeleton）
2. 微丝（microfilament，MF）
3. 微管组织中心（microtubules organizing centers，MTOC）
4. 肌球蛋白（myosin）
5. 分子发动机（molecular motor）

二、填空题

1. 真核细胞中由蛋白纤维组成的网络结构称为______。

2. 微丝的特异性药物有______和______。

3. 有些细胞表面形成一些特化结构，其中微绒毛主要由______构成，纤毛主要由______构成。

4. 微管特异性药物中，破坏微管结构的是______，稳定微管结构的是______。

5. 细胞内具有分子马达（引擎蛋白）作用的蛋白质分子有______、______、______

和______等。

三、选择题

1. 真核细胞 DNA 复制的支撑结构是（　　）。
A. 核膜　B. 可溶性基质　C. 核骨架　D. 染色体骨架
2. 在细胞内由微丝形成的永久性结构是（　　）。
A. 胞质分裂收缩环　B. 血小板收缩系统中的微丝
C. 黏合带的微丝束　D. 细胞变形运动的片状伪足
3. 真核细胞纤毛的主要结构成分是（　　）。
A. 微管蛋白（tubulin）　B. 绒毛蛋白（villin）
C. 鞭毛蛋白（flagellin）　D. 肌动蛋白（actin）
4. 电子显微镜下中心粒的超微结构微管排列是（　　）。
A. 9组单管　B. 9组二联管　C. 9组三联管　D. 6组三联管
5. 下列哪组结构不具有MOTC作用。（　　）
A. 成膜体　B. 中心粒　C. 纤毛基体　D. 核糖体
6. 微丝中最主要的化学成分是（　　）。
A. 原肌球蛋白　B. 肌钙蛋白　C. 动力蛋白　D. 肌动蛋白
7. 在下列细胞活动中，除了（　　）外，都有微丝分子发动机的参与。
A. 小泡运输　B. 肌动蛋白纤维运输
C. 胞质环流　D. 鱼的色素分子运动

四、问答题

1. 什么是细胞骨架，在细胞内的分布和主要功能是什么？
2. 什么叫分子发动机（molecular motor），分几类，作用如何？
3. 微管体外组装需要哪些基本条件？GTP 在组装中起什么作用？

第十章　细胞核与染色体

一、名词解释

1. 基因组（genome）
2. 核孔复合体（nuclear pore complex，NPC）
3. 核型（karyotype）
4. 端粒（telomere）
5. 端粒酶（telomerase）
6. 着丝粒（centromere）
7. Ran
8. 核定位序列（信号）（NSL）

二、填空题

1. ______是真核细胞内最大、最重要的细胞器，是细胞______的调控中心。

2. 染色质从DNA序列的重复性上可分为______、______和______。

3. 染色质从功能状态的不同上可以分为______和______。

4. 核孔复合体具有选择性运输作用，核蛋白进入细胞核须由______引导，并且要有一种______的帮助。

5. 核孔复合体可分为______、______、______、______几部分。

三、选择题

1. 染色质的主要化学成分是（　　）。

A. DNA、tRNA、组蛋白、非组蛋白　　B. DNA、mRNA、组蛋白、非组蛋白

C. DNA、rRNA、组蛋白、非组蛋白　　D. DNA、RNA、组蛋白、非组蛋白

2. 由 DNA 到染色单体，DNA 长度大约压缩至原长度的（　　）。

A. 1/5000　　B. 1/10 000　　C. 1/1000　　D. 1/500

3. 染色质通过螺旋化形成四级结构的顺序是（　　）。

A. 核小体、超螺线管、螺线管、染色单体

B. 螺线管、超螺线管、核小体、染色单体

C. 染色单体、核小体、超螺线管、螺线管

D. 核小体、螺线管、超螺线管、染色单体

4. 常染色质的特点是（　　）。

A. DNA 螺旋化程度高、间期无转录活性

B. DNA 螺旋化程度低、间期有转录活性

C. DNA 螺旋化程度高、间期有转录活性

D. DNA 螺旋化程度低、间期无转录活性

5. 异染色质的特点是（　　）。

A. 染色浅，间期无转录活性　　B. 染色深，间期有转录活性

C. 染色浅，间期有转录活性　　D. 染色深，间期无转录活性

6. 在 4 种核小体组蛋白中，已知进化上最为保守的两种是（　　）。

A. H3 和 H2A　　B. H4 和 H2B

C. H3 和 H4　　D. H2A 和 H2B

7. 在生活细胞中，染色质通常以下列哪种形式存在。（　　）

A. 直径 10nm 的核小体串珠结构　　B. 直径 30nm 的螺线管

C. 超螺线管　　D. 染色单体

8. 现在研究染色质结晶颗粒发现，核小体的核心结构具有二分对称性，其组蛋白构成模式是（　　）。

A. H2A.H2B＋H2A.H2B＋H3.H4＋H3.H4　　B. 2（H2A）＋2（H2B）＋2H3＋2H4

C. H2A.H2B＋2H3.2H4＋H2A.H2B　　D. H3H4＋2H2A.2H2B＋H3.H4

9. 核仁的功能是（　　）。
A. 形成 rRNA 和核糖体前身（大、小亚基）　B. 形成 mRNA 和 tRNA
C. 形成 tRNA 和组蛋白　D. 形成 rRNA 和 DNA

四、问答题

1. 为什么说细胞核或核被膜的出现是细胞进化过程中的一大进步？

2. 核孔复合体的主动运输具有严格的双向选择性，这种选择性表现在哪些方面？

3. 根据对核蛋白运输机制的研究及相关蛋白质的发现，提出了核蛋白的运输模型（习题图 2），请对这一模型作出文字说明。

4. 什么叫核小体（nucleosome）？简述核小体结构要点的实验证据。

5. 什么叫染色质（chromatin）？有哪些类型？什么叫染色体（chromosome）？染色质和染色体有什么区别和联系？

6. 染色体应具有的关键序列有哪些？它们在染色体的结构和功能中担当着什么样的角色？

7. 什么叫核仁？简述核仁的超微结构及其功能。

8. 非组蛋白的特点和功能主要表现在哪些方面？

9. 核纤层和核骨架有什么联系，它们的作用是什么？

10. 简述真核细胞中核糖体的生物发生。

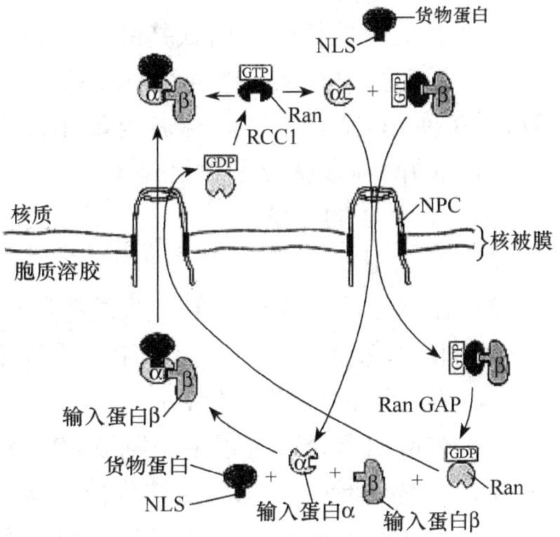

习题图 2　含有 NLS 信号的核蛋白从细胞质输入细胞核的推测模型

第十一章　核　糖　体

一、名词解释

1. 核糖体（ribosome）

2. 多聚核糖体（polyribosome，polysome）

二、填空题

1. 帕拉德（George Palade）、克劳德（Albert Claude）和克里斯汀·德·迪夫（Christian de Duve）因发现______而共同获得1974年诺贝尔生理学或医学奖。

2. 拉玛克里斯南（Venkatraman Ramakrishnan）、托马斯·斯泰茨（Thomas A.Steitz）和约纳什（Ada E.Yonath）因解析______而共同获得2009年诺贝尔化学奖。

3. 核糖体的功能是进行蛋白质多肽链的合成。核糖体中有一个______和3个tRNA结合位点，即______位点、______位点和______位点。

4. 原核生物mRNA通过______与核糖体______结合，真核生物则依赖于______将mRNA与核糖体______结合。

5. 核糖体中起主要肽酰转移酶活性的是______。

6. 真核细胞核糖体大亚基中所含rRNA的大小为______、______和______。

三、选择题

1. 原核生物核糖体与真核生物核糖体相比较，其相似之处是（ ）。

A. 大小相同　B. 相关的 rRNA 核苷酸序列相似

C. 相关的核糖体蛋白氨基酸序列相似　D. 相关的 rRNA 二级结构相似

2. 某细胞中有 A、B 两种 mRNA 正在翻译蛋白质，A 种 mRNA 由 3000 个核苷酸组成，B 种 mRNA 由 1500 个核苷酸组成，如果两种 mRNA 分子数目相等，那么单位时间内合成的两种多肽分子数目是（ ）。

A. A 为 B 的 2 倍　B. B 为 A 的 2 倍

C. A 与 B 的相等　C. A 与 B 的不等

3. 在蛋白质合成过程中，肽键的形成是在核糖体的哪一部位。（ ）

A. 供体部位（P）　B. 受体部位（A）　C. 肽基转移酶位（T）

D. GTP酶活性部位（G）　E. 小亚基

4. 在蛋白质合成过程中，氨酰-tRNA进入核糖体的哪一部位。（ ）

A. 供体部位　B. 受体部位　C. 肽转移酶中心　D. GTP酶部位

5. 在肽键形成时，肽酰-tRNA在核糖体的哪一部位。（ ）

A. 供体部位　B. 受体部位　C. 肽转移酶中心

D. GTP酶部位　E. 以上都不是

6. 肽链合成终止时，mRNA 分子的终止密码子出现在核糖体的（ ）。

A. A位　B. P位　C. T位

D. G位　E. 以上都不是

7. 原核生物中，蛋白质合成的起始复合物包括 mRNA、核糖体的 30S 和 50S 的亚基、fmet-tRNA 等，形成的过程是（ ）。

A. mRNA＋30S 核糖体→＋50S 核糖体→＋fmet-tRNA→起始复合物

B. mRNA＋50S 核糖体→＋30S 核糖体→＋fmet-tRNA→起始复合物

C. mRNA＋30S 核糖体→＋fmet-tRNA→＋50S 核糖体→起始复合物

D. mRNA＋fmet-tRNA→＋30S核糖体→＋50S核糖体→起始复合物

8. 原核生物核糖体有4种同RNA结合的位点，其中与mRNA结合的SD序列位于（ ）。

A. 30S核糖体的16S rRNA的5′端　B. 50S核糖体的23S rRNA的5′端

C. 30S核糖体的23S rRNA的5′端　D. 50S核糖体的16S rRNA的5′端

四、问答题

1. 细胞内以多聚核糖体的形式合成蛋白质有什么生物学意义？

2. 核糖体是细胞内合成蛋白质的地方，在这里将 DNA 信息蓝图转变为生命。英国生物学家万卡特拉曼·拉玛克里斯南（Venkatraman Ramakrishnan）、美国科学家托马斯·斯泰茨（Thomas A.Steitz）和以色列女生物学家约纳什（Ada E.Yonath）用X线晶体学展示了核糖体的结构，以及它们是怎样在原子水平上发挥作用的，为抗生素的开发提供了新的靶位。三位科学家因此获得 2009 年诺贝尔化学奖。请问：已知核糖体上有哪些活性部位？它们在多肽合成中各起什么作用？

3. 核酶是如何被发现的？这一发现有什么意义？

第十二章　细胞增殖及其调控

一、名词解释

1. 细胞周期（cell cycle，cell division cycle）
2. 促成熟因子（MPF）
3. CDK 蛋白
4. 动粒（kinetochore）
5. 联会复合体（synaptonemal complex，SC）
6. 后期促进复合体（anaphase promoting complex，APC）
7. 泛素（ubiquitin）
8. 蛋白酶体（proteasome）
9. 泛素依赖性降解途径（ubiquitin dependent pathway）
10. *cdc* 基因

二、填空题

1. 一个典型的细胞周期可分为______、______、______和______。

2. 根据增殖状况，可将细胞分为三类，分别为______、______和______。

3. 纺锤体微管可分为______、______和______。

4. CDK（周期蛋白依赖性蛋白激酶）激酶至少含有两个亚单位，其中______为其调节亚基，______为催化亚基。

5. CDK1（MPF）主要调控细胞周期中______向______的转换。

6. 真核细胞中蛋白质的降解一般通过一种依赖于一类称为______的小分子的降解途径。

7. 细胞周期的调控主要依赖两类蛋白质分别为______和______。

8. 细胞周期中重要的检验点包括______、______、______和______。

三、选择题

1. 减数分裂中染色体的联会、交换及交叉现象之间的关系是（　　）。

A. 三者是独立过程，没有联系

B. 三者同时发生

C. 交叉是交换的条件，交叉还是联会的表现

D. 联会是交换的前提，交换的结果表现为交叉

2. 细胞周期中，决定一个细胞是分化还是增殖的控制点（R）位于（ ）。

A. G_1末期 B. G_2末期 C. M期末 D. S期末

3. 肝细胞具有高度的特化性，但是肝被破坏或者手术切除其中的一部分，组织仍会生长。那么，肝细胞属于哪一类细胞？（ ）

A. 永久处于 G_0 期的细胞 B. 可以被诱导进入 S 期的细胞

C. 持续再生的细胞 D. 无法从题目的条件中推出结果

4. 如果将一个处于 S 期的细胞与一个处于 G_1 期的细胞融合，那么，（ ）。

A. G_1 期细胞核将会进入 S 期 B. S 期细胞核将会进入 G_1 期

C. 两个核均进入 G_2 期 D. 两个核均被抑制

5. 哪一类的纺锤体微管蛋白与染色体相连？（ ）

A. 星形微管蛋白 B. 着丝粒微管

C. 极微管 D. 以上所有的纺锤体微管蛋白均与染色体相连

6. *cdc2* 基因的产物是（ ）。

A. 细胞周期蛋白 B. P53

C. 细胞周期蛋白依赖性蛋白激酶 D. CAK

四、问答题

1. 什么是细胞周期？周期各时相主要的生化事件和功能各是什么？

2. 用“DNA 复制执照因子学说”解释为什么每个细胞周期中 DNA 只复制一次？

3. 细胞通过什么机制将染色体排列在赤道板上？有何生物学意义？

4. 20 世纪 70 年代初，美国的利兰·哈特韦尔（Leland H.Hartwell）用芽殖酵母菌研究，发现了“START”等大量控制细胞周期的基因；英国保罗·纳斯（Paul Nurse）等以裂殖酵母为实验材料，发现了调节细胞周期的一种关键物质细胞周期蛋白依赖激酶（CDK），CDK 是通过对其他蛋白质的化学作用来驱动细胞周期的；1983 年英国的提莫西·亨特（Timothy Hunt）以海胆卵为实验材料，发现了调节 CDK 功能的物质细胞周期蛋白（CYCLIN）。三位科学家因此获得 2001 年度诺贝尔生理学与医学奖。请问：细胞周期控制系统的核心物质是什么？以真核生物的 G_2/M 的转换为例说明它是如何推动细胞周期运行的？

5. 什么叫关卡（checkpoint）？它位于细胞周期的哪个阶段？每次主要“监测”什么？

6. 简述近十年细胞周期调控研究中的两大进展。

7. 20 世纪七八十年代，两名以色列科学家阿龙·切哈诺沃（Aaron Ciechanover）、阿夫拉姆·赫什科（Avram Hershko）和一位美国科学家欧文·罗斯（Irwin Rose）发现了蛋白质分子的降解现象，揭示了泛素介导的蛋白质降解机制，他们因此获得 2004 年度诺贝尔化学奖。什么叫泛素（ubiquitin）？泛素如何介导周期蛋白的降解？

8. 2015 年的诺贝尔化学奖授予瑞典的托马斯·林道尔（Tomas Lindahl）、美国的保罗·莫德里奇（Paul Modrich）及土耳其的阿奇兹·桑卡（Aziz Sancar）三位科学家，因

为他们从分子水平上揭示了细胞是如何修复损伤的 DNA 及保护遗传信息的。DNA 损伤修复出现问题都会导致疾病，如癌症的产生。请问：什么叫 P53 蛋白？简要说明 P53 蛋白如何获知 DNA 损伤信号并导致修复？

第十三章　程序性细胞死亡与细胞衰老

一、名词解释

1. 细胞凋亡（apoptosis）
2. Hayflick 界限（Hayflick limit）
3. 凋亡复合体（apoptosome）
4. 凋亡小体（apoptotic body）
5. 细胞坏死（necrosis）
6. 肿瘤坏死因子（tumor necrosis factor，TNF）
7. Apaf-1（apoptosis protease activating factor）
8. Bcl-2（B cell lymphoma gene 2）
9. Caspase 家族（cysteine aspartid acid specific protease）

二、填空题

1. 细胞凋亡的发生过程，在形态学上可分为三个阶段，即______、______和______。
2. HIV 进入人体后，引起 $CD4^+$T 细胞数目______的重要机制就是______。
3. 细胞凋亡最主要的生化特征是由于内源性的______活化，______被随机地在核小体的______部位打断，结果产生含有不同数量的______片段，进行______电泳时，产生了特征性的______，其大小为______的整倍数。

三、选择题

1. 细胞凋亡是指（　　）。

A. 细胞因年龄增加而导致正常死亡　　B. 细胞因损伤而导致死亡
C. 细胞程序性死亡　　D. 细胞非程序性死亡

2. 细胞凋亡的一个重要特征是（　　）。

A. DNA 随机断裂　　B. DNA 发生核小体间断裂
C. 80S 核糖体的 rRNA 断裂　　D. mRNA 的断裂

3. 机体中寿命最长的细胞是（　　）。

A. 红细胞　　B. 神经细胞　　C. 表皮细胞　　D. 上皮细胞

4. 体内的自由基在正常浓度下具有生理功能，但高浓度时是有害的，它可（　　）。

A. 使生物膜的不饱和脂肪酸发生过氧化，降低膜的流动性
B. 氧化 DNA 使之发生交联，使核酸变性，扰乱 DNA 的正常复制与转录
C. 使蛋白质发生交联变性，形成无定形沉淀物，降低酶活性

D. 以上都正确。

5. 线粒体与衰老的关系主要表现在（ ）。

A. 细胞中线粒体的数量随着年龄的增大而减少

B. 线粒体的体积随着年龄的增大而增大

C. 体细胞中 mtDNA 突变随年龄的增大而增加

D. 上述说法都正确。

6. 细胞凋亡与细胞坏死最主要的区别是（ ）。

A. 细胞核肿胀 B. 内质网扩张 C. 细胞变形 D. 炎症反应

7. 根据蛋白质在 PCD 中的作用，将它们分为三大类：调节物（regulator）、接合物（adaptor）和效应物（effector）。下列蛋白质中属于调节物的是（ ）。

A. Bcl-2 B. Ced-9 C. Apaf-1 D. Casp3

四、问答题

1. 端粒被科学家称为“生命时钟”；因为细胞每分裂一次，端粒就缩短一次，当端粒不能再缩短时，细胞就无法继续分裂而衰老死亡。2009 年诺贝尔生理学或医学奖授予美国的伊丽莎白·布莱克本（Elizabeth Blackburn）、卡罗尔-格雷德（Carol Greider）和杰克·绍斯塔克（Jack Szostak），以表彰他们发现了端粒和端粒酶保护染色体的机制。请问：什么叫细胞衰老（cellular aging 或 cell senescence）？简述细胞衰老的端粒假说。

2. 比较细胞凋亡与坏死。

3. 简述细胞凋亡的形态学特征。

4. 细胞凋亡的生化特征有哪些？

5. 20 世纪 60 年代，英国科学家布伦纳（Sydney Brenner）建立了线虫研究模型，可以把不同突变与特定基因和对器官发育的特定效应相关联；70 年代，英国科学家约翰·E·苏尔斯顿（John E.Sulston）花了 10 年的时间在显微镜下观察线虫的发育，发现了线虫从受精卵到成虫有 1090 个细胞诞生、131 个细胞死亡，他还组织测序完成了线虫基因组；80 年代，美国科学家 H·罗伯特·霍维兹（H.Robert Horvitz）从线虫中把与细胞凋亡直接相关的基因调了出来，即 *Ced-3*、*Ced-4* 和 *Ced-9*，并指出这些基因在哺乳动物中有普遍意义；他们因此获得 2002 年诺贝尔生理学或医学奖。试述细胞凋亡外源途径和内源途径的分子调控机制。

第十四章 细胞分化与癌细胞

一、名词解释

1. 细胞分化（cell differentiation）
2. 细胞的全能性（totipotency）
3. 基因差次表达（differential expression）
4. 干细胞（stem cell）

5. 原癌基因（proto-oncogene）

6. 肿瘤抑制基因（tumor suppressor gene）

二、填空题

1. 细胞分化是多细胞生物发育的基础与核心，细胞分化的关键在于合成______。

2. 分化细胞基因组中所表达的基因大致可分为两种基本类型，一类是______，一类是______。

3. 真核细胞基因表达的调控是多级调控系统，主要发生在三个彼此相对独立的水平上，分别为______、______和______。

4. Dolly 羊的诞生，说明高度分化的哺乳动物的______也具有发育全能性，它不仅显示高等动物细胞的分化复杂性，而且也说明卵细胞的______对细胞分化的重要作用。

三、选择题

1. 细胞分化的实质是（　　）。

A. 基因选择性表达　B. 基因选择性丢失　C. 基因突变　D. 基因扩增

2. 关于肿瘤细胞的增殖特征，下列说法不正确的是（　　）。

A. 肿瘤细胞在增殖过程中，不会失去接触依赖性抑制

B. 肿瘤细胞都有恶性增殖和侵袭、转移的能力

C. 肿瘤细胞和胚胎细胞的某些特征相似，如无限增殖的特性

D. 肿瘤细胞来源于正常细胞，但是多表现为去分化

3. 关于细胞分化的分子生物学机制，下列说法不正确的是（　　）。

A. 细胞表型特化的分子基础是特异性蛋白质的合成

B. 已经分化的细胞仍旧具有全能性

C. 细胞分化是基因选择性表达的结果

D. 细胞分化的选择性表达是在 mRNA 水平上的调节

4. 细胞分化过程中，基因表达的调节主要是（　　）水平的调节。

A. 复制　B. 转录　C. 翻译　D. 翻译后

5. 下列（　　）的突变是细胞癌变的主要原因。

A. 生长因子　B. 基因转录调控因子

C. 信号转导通路中的因子　D. 细胞周期调控蛋白

6. 下列（　　）不属于真核生物基因表达调控的范畴。

A. 复制水平的调控　B. 转录水平的调控

C. RNA 加工水平的调控　D. 翻译水平的调控

7. 人红细胞和胰岛细胞含有（　　）。

A. 相同的 DNA，相同的 mRNA，不同的蛋白质

B. 相同的 DNA，不同的 mRNA，不同的蛋白质

C. 相同的 DNA，相同的 mRNA，相同的蛋白质

D. 不同的 DNA，不同的 mRNA，不同的蛋白质

8. 真核生物的基因表达调控发生在4个水平上。通过对DNA的甲基化来关闭基因的调控则是属于（　　）。

A. 染色质活性水平的调控　　B. 转录水平的调控

C. 转录后加工水平的调控　　D. 翻译水平的调控

9. 细胞决定与细胞分化的关系是（　　）。

A. 决定先于分化　　B. 分化先于决定

C. 二者互相促进　　D. 二者互相限制

四、问答题

1. 什么是基因的差别表达（differential expression）？在细胞分化中有什么作用？

2. 简述细胞分化的基本机制。

3. 1981年，英国科学家马丁·埃文斯（Martin J.Evans），首次从老鼠胚胎中提取出胚胎干细胞（ESC）；美国科学家马里奥·卡佩基（Mario R.Capecchi）、奥利弗·史密斯（Oliver Smithies）对胚胎干细胞进行了基因改造，导致“基因敲除”小鼠的出现。他们因此获得2007年诺贝尔生理学或医学奖。2007年日本科学家山中伸弥(Shinya Yamanaka）的研究团队通过对小鼠的实验，发现诱导人体表皮细胞使之具有胚胎干细胞活动特征的方法，使人们不用从人类胚胎细胞中获取干细胞，而可以使皮肤细胞等完全分化的细胞重新转化成干细胞，称为IPS；此方法免除了使用人体胚胎提取干细胞的伦理道德制约，他因此与第一次从动物的成体细胞中重新复制出一个新的动物的英国科学家约翰·格登（John Gurdon）获得2012年诺贝尔生理学或医学奖。请问：什么是干细胞（stem cell）？有什么特点？在医学上有什么意义？

4. 1910年，美国科学家弗朗西斯·佩顿·劳斯（Francis Peyton Rous）首先确定了长在鸡胸的肉瘤是由病毒引起的，该病毒被称为“劳斯肉瘤病毒”；1966年劳斯因此荣获诺贝尔生理学和医学奖。20世纪70年代美国微生物学家毕晓普（M.Bishop）和瓦尔默斯（Harold Elliot Varmus）着手研究癌基因的起源，发现了动物肿瘤病毒的致癌基因源出于细胞基因，即所谓的原癌基因；原癌基因正常情况下是不活跃的，不会导致癌症；当受到 物理、化学、病毒等因素的刺激后被激活，成为致癌基因，这否定了癌基因必然源自病毒的看法。他们因此荣获1989年诺贝尔生理或医学奖。请问什么是癌基因（oncogene）、病毒癌基因（viral oncogene，*v-onc*）和细胞癌基因（cellular oncogene，*c-onc*）？原癌基因（proto-oncogene）的激活包括哪几种方式？

5. 什么是“癌基因学说”，如何评价该学说？

第十五章　细胞社会的联系：细胞连接、细胞黏着和细胞外基质

一、名词解释

1. 凝集素（lectin）

2. 胶原（collagen）
3. 蛋白聚糖（proteoglycan）
4. 细胞连接（cell junction）
5. 紧密连接（tight junction）
6. 斑块连接（plaque-bearing junction）
7. 间隙连接（gap junction）

二、填空题

1. 构成动物细胞外基质的主要成分是______、______、______、______和______。
2. 胶原的基本结构单位是______，其肽链的结构特点是______，有多个重复序列。
3. 细胞在______和______的基础上进行细胞连接。细胞连接有三种方式：______、______和______。
4. 参与斑块连接（锚定连接）的细胞骨架系统可分两种不同形式，与中间纤维相连的主要包括______和______，与肌动蛋白纤维相连的锚定连接主要包括______和______。
5. 细胞间隙连接的基本单位称为______，由______组成，中间有一个孔道，直径为______ nm。

三、选择题

1. 原胶原肽链的一级结构具有重复排列的三肽序列，其三肽序列中的第一个氨基酸残基几乎总是（　　）。
A. 脯氨酸　B. 赖氨酸　C. 甘氨酸　D. 亮氨酸
2. 具有 Arg-Gly-Asp-Ser（RGD 或 RGDS）四肽序列的细胞外基质成分是（　　）。
A. 胶原　B. 层粘连蛋白　C. 纤连蛋白　D. 弹性蛋白
3. 动物细胞间的物质交流和信息传递是通过何种连接方式实现的？（　　）
A. 中间连接　B. 间隙连接　C. 桥粒　D. 紧密连接
4. 下列物质中，（　　）不属于植物细胞壁的构成成分。
A. 纤维素　B. 透明质酸　C. 果胶质　D. 木质素
5. 基膜特有的细胞外基质蛋白是（　　）。
A. 层粘连蛋白　B. 胶原　C. 纤连蛋白　D. 蛋白聚糖
6. 胶原是由三条肽链组成的螺旋状纤维，三条肽链组装原胶原发生在（　　）。
A. 细胞质中　B. 内质网　C. 高尔基体　D. 分泌泡
7. 细胞被是指由（　　）组成的保护层。
A. 碳水化合物　B. 氨基酸　C. 蛋白质　D. 膜整合蛋白
8. 植物细胞间有独特的连接结构，称为胞间连丝，其结构（　　）。
A. 类似动物细胞的桥粒　B. 类似间隙连接
C. 类似紧密连接　D. 不是膜结构
9. 在下列 4 种斑形成连接中，只有（　　）的连接结构涉及中间纤维和整合素。
A. 黏合带　B. 黏合斑　C. 桥粒　D. 半桥粒

10. 细胞外具有凝集素作用的结构域,介导异亲(嗜)性细胞黏着的蛋白质是(　　)。

A. 选择蛋白　　B. 免疫球蛋白家族

C. 钙黏着蛋白　　D. 整联蛋白

11. 细胞外基质中含量最高，刚性及抗张力强度最大的成分是（　　）。

A. 纤连蛋白和层粘连蛋白　　B. 氨基聚糖和蛋白聚糖

C. 弹性蛋白　　D. 胶原

四、问答题

1. 简述细胞外基质的组成成分、结构和生物学功能。
2. 黏着带与黏着斑连接有什么不同?
3. 比较纤连蛋白和整联蛋白。

第二部分 参考答案

第一章 绪　论

一、名词解释

1. 细胞生物学（cell biology）：是一门从显微水平、亚显微水平和分子水平三个不同层次研究细胞结构、功能及生命活动规律与机制的科学。细胞生物学由细胞学（cytology）发展而来，细胞学是指对细胞形态（特别是染色体形态）的观察。

2. 原生质（protoplasm）：细胞内所有的生活物质，包括细胞膜、细胞质和细胞核。

3. 原生质体（protoplast）：是一个生物工程学的概念。通过适当技术去掉细胞壁后的细胞称为原生质体。动物细胞没有细胞壁，本身就相当于原生质体。植物细胞和细菌则可通过酶解等技术使细胞壁去掉而得到具有质膜的原生质体。

二、填空题

1. 罗伯特胡克（Robert Hooke），列文虎克（Leeuwen hoek）。

2. 细胞破碎法，离心法，过氧化体，溶酶体，核糖体，线粒体细微。

3. DNA 晶体衍射，DNA 分子双螺旋结构模型。

三、选择题

1. D；2. B；3. B；4. B；5. C

四、问答题

1. 简述细胞学说的产生、内容及意义。

答：产生：Matthias Jacob Schleiden（1804～1881 年），德国植物学教授，1838 年发表“植物发生论”（*Beiträgezur Phytogenesis*），认为无论怎样复杂的植物都由形形色色的细胞构成。Theodor Schwann（1810～1882 年），德国解剖学教授，于 1838 年提出了“细胞学说”（cell theory）这个术语；1939 年发表了“关于动植物结构和生长一致性的显微研究”一文，并提出有机体是由细胞构成的，细胞是构成有机体的基本单位。Rudolf Virchow（1858 年），德国科学家，提出“一切细胞来源于细胞”的著名推断，进一步完善了细胞学说。

内容：生物科学的重要学说之一，包括三个基本内容：所有生命体均由单个或多个细胞组成；细胞是生命的结构基础和功能单位；细胞只能由原有细胞分裂产生。

意义：细胞学说的建立，明确了动物和植物之间的统一性，它对生物学的发展起了重大的推动作用。恩格斯将细胞学说誉为 19 世纪的三大发现之一。

2. 胡克和列文虎克发现细胞的动机是什么？你对此有何感想？

答：胡克想知道热水瓶的软木塞为什么那么轻，为什么吸水后能够膨胀，并且能够使热水瓶中的水保温，这些驱使他用自制的显微镜观察软木塞切片，结果观察到了软木塞中有许多空洞、小室。列文虎克是想弄清楚为什么有的布很容易被撕烂，结果用自制的显微镜观察到这些易烂的布匹上长满了霉。这些成果的取得应归功于他们敏锐的观察力、好奇心和持之以恒的探索精神。

3. 简述当前细胞生物学研究最集中的领域。

答：根据 SCI 收录、引用论文检索及美国国立卫生研究院（NIH）文章的研究调查，当前细胞生物学研究乃至整个自然科学研究最集中的领域为以下 4 个领域：①细胞信号转导；②细胞增殖调控；③细胞衰老、凋亡及其调控；④基因组与后基因组学研究。人类亟待通过以上 4 个领域的研究，阐明当今主要威胁人类的四大疾病：癌症、心血管疾病、艾滋病和肝炎等传染病的发病机制，并采取有效措施达到治疗的目的。

4. 为什么说 21 世纪的上半叶当属细胞科学的世纪？

答：20 世纪末多莉羊的诞生、人胚胎干细胞技术的突破和建系，以及生物信息学和系统生物学的发展把生命科学的发展从分子水平深入到对细胞水平，即对细胞生命活动规律及机制的整体研究。

5. 1997 年英国《自然》杂志报道了一项震惊世界的研究成果：英国罗斯林研究所（Roslin）的维尔穆特（Wilmut）科研小组，利用高度分化的体细胞（乳腺细胞）克隆出多莉。该项成果有什么重大意义？

答：与以往从胚胎克隆成功的各种动物不同，维尔穆特从羊乳腺细胞克隆成功的多莉标志着生物技术新时代的来临，在理论和实践上都具有重大意义。

（1）多莉的诞生在理论上证明哺乳动物高度分化成熟的体细胞（乳腺细胞）仍具有全能性，在一定条件下还能脱分化，像胚胎细胞一样再分化发育成完整的个体。它的诞生改写了教科书，推翻了形成了上百年的理论。

（2）多莉的诞生在实践上具有巨大的应用前景。①应用克隆技术，繁殖优良物种。常规育种周期长且性状不稳定，而用克隆技术繁殖选育的品种性状稳定，不再分离，且花时少。②结合转基因技术建造动物药厂，大量生产“昂贵”药物。现在很多药物，如胰岛素、生长激素、表皮生长因子等都是动物细胞体内正常的代谢物，制备这种药物就需要大量的动物提供脏器，因此成本很高。如果通过转基因技术把相应的基因转入到哺乳动物，让动物的乳汁生产具有疗效的蛋白质就会降低成本，再结合动物体细胞克隆技术，将这种转基因动物大量克隆繁殖，就可以保持亲代的优良性状，大大提高产量，大幅度降低成本。③该项技术也可以生产供动物本身和人类器官移植的动物，解决器官捐赠长期缺乏的问题。④拯救濒危动物。人们可人为地调节自然动物群体的兴衰，使之达到平衡发展。⑤动物体细胞克隆技术在基因治疗、遗传病及人类衰老等研究方面也具有巨大的潜力。

第二章 细胞的统一性和多样性

一、名词解释

1. 真核细胞（eukaryotic cell）：有膜围成的核、有膜围成的细胞器、有细胞骨架的细胞，如真菌、原生生物、植物和动物等的细胞。

2. 细胞器（organelle）：细胞内各种膜包被的功能性结构，是真核细胞的典型结构特征之一。广义细胞器一般认为是散布在细胞质内具有一定形态和功能的微结构或微器官，如核糖体。对于“细胞器”这一名词的范围，还存在着某些不同意见。

3. 中膜体（mesosome）：中膜体又称为间体或质膜体，是细菌细胞质膜向细胞质内陷折皱形成的。其中含有细胞色素和琥珀酸脱氢酶，为细胞提供呼吸酶，具有类似线粒体的作用，故又称为拟线粒体。

4. 古生菌（Archaea）：又称为古细菌（archaeobacteria），是一类生长在极端特殊环境中的生物群，包括甲烷菌、嗜酸菌、嗜热菌和嗜盐菌等。它们在细胞构造上与细菌较为接近，同属原核生物；在生化特性和 rRNA 序列上与真核生物靠近；在系统分类上古生菌属新的古生菌域（Archaea），而原核生物和真核生物分属细菌域（Bacteria）和真核生物域（Eukarya）。

二、填空题

1. 时空连续性。
2. 转录前水平，转录水平，转录后水平，翻译水平，翻译后水平。
3. DNA 和 RNA，活细胞，非细胞。
4. DNA，细胞器，核膜，多功能。
5. 细胞膜遗传信息载体 DNA 与 RNA，进行蛋白质合成的核糖体，一分为二的分裂方式。
6. 生物膜结构系统，遗传信息表达系统，细胞骨架系统。
7. 烟草花叶病毒（tobacco mosaic virus，TMV），单链 RNA，劳斯鸡肉瘤病毒（rous sarcoma virus，RSV），病毒癌基因，细胞癌基因（又称为原癌基因）。
8. 朊蛋白（prion）。
9. 幽门螺杆菌。
10. 人乳头状瘤病毒（HPV），艾滋病病毒（HIV）。

三、选择题

1. A；2. A；3. B；4. A；5. B；6. A

四、问答题

1. 真核生物膜结构体系的形成有什么意义？

答：细胞内部区域化，保证了反应物的浓度，增加了表面积，使一些有害的酶得以保护，提供了特殊的运输通道，等等。

2. 细胞体积的守恒定律是什么？是什么机制使其体积保持在一定范围内？

答：同类型细胞的体积一般是相近的，不依生物个体的大小而增大或缩小。器官的大小主要取决于细胞的数量，与细胞的数量成正比，而与细胞的大小无关。这种现象称为“细胞体积的守恒定律”。

细胞体积保持在一定范围内有以下原因。

（1）体积同表面积的关系。细胞增大，其体积增加的比例要比表面积增加得多。这样，当细胞增大到一定程度时，质膜的表面积就不适应细胞进行内外物质的交换，细胞为了维持一个最佳的生存条件，必须维持最佳的表面积，从而限制了体积的无限增大。

（2）细胞内关键分子的浓度。一些重要的分子在细胞内的拷贝数是很少的，当细胞体积增大时，这些分子的浓度就越来越稀释，一些重要的生化反应需要一定的浓度才能进行，所以，细胞内分子浓度就成了限制细胞体积无限增大的另一个因素。

（3）酶和蛋白质种类的限制。一个生活细胞要维持正常的独立生活功能，最低限度需要 500～1000 种不同类型的酶和蛋白质，细胞体积最小化受制于维持细胞生命活动所需的酶和蛋白质种类的最低限度。

3. 有人认为病毒是介于生命与非生命之间的一种特殊结构，你的意见如何？

答：这种提法有一定道理，理由如下：

（1）从病毒具有生命最主要的物质基础（核酸与蛋白质）及生命的主要特征（繁殖与突变）方面看，可以认为它是一种生命体。

（2）从病毒生命力的表现上看，只有当它侵入宿主细胞后生命力才可表现出来，单独存在时没有代谢活动，不能繁殖，与非生命体没有差别。

4. 简述病毒与细胞在起源与进化中的关系。

答：病毒是结构简单、非细胞形态的生命体，它的主要生命活动必须要在活细胞内实现。病毒与细胞在起源上的关系，目前存在 3 种主要观点：第一种观点生物大分子→病毒→细胞；第二种观点生物大分子→病毒和生物大分子→细胞；第三种观点生物大分子→细胞→病毒。目前多数证据表明，第二种观点和第三种观点比较容易接受，而且第三种观点越来越有说服力。认为病毒是细胞演化的产物的观点，主要依据如下：彻底的寄生性，病毒核酸与哺乳动物细胞 DNA 某些片段的相似性，病毒可以看成是核酸与蛋白质形成的复合大分子。

5. 比较原核细胞与真核细胞的差别。

答：原核细胞与真核细胞的差别见习题表 1。

习题表 1 原核细胞与真核细胞的差别

要点	原核细胞	真核细胞
细胞核	无膜包围，称为拟核	有双层膜包围
染色体形状	环状 DNA 分子	核中的为线性 DNA 分子；线粒体和叶绿体中的为环状 DNA 分子
数目组成	一个基因连锁群	两个或多个基因连锁群
	DNA 裸露或结合少量蛋白	核 DNA 同组蛋白结合，线粒体和叶绿体中的 DNA 裸露
DNA 序列	无或很少重复序列	有重复序列
基因表达	RNA 和蛋白质在同一区间合成	RNA 在核中合成和加工，蛋白质在细胞质中合成
细胞分裂	二分或出芽	有丝分裂或减数分裂

续表

要点	原核细胞	真核细胞
内膜	无独立的内膜（但磁螺菌细胞内有膜包围的细胞器——磁小体）	有各种膜包围的细胞器
细胞骨架	无（最新研究表明原核细胞也有细胞骨架，如单链原纤丝，但其组成和结构不一样）	普遍存在
核糖体	70S（50S＋30S）	80S（60S＋40S）

6. 试述古细菌（archaebacteria）与细菌的区别，并探讨古细菌、细菌与真核细胞的亲缘关系。

答：主要证据如下：

（1）细胞壁的成分与真核细胞相似，而与细菌的不同。细菌的细胞壁由含壁酸的肽聚糖构成，因此抑制壁酸合成的链霉素、抑制肽聚糖前体合成的环丝氨酸、抑制肽聚糖合成的青霉素与万古霉素等对细菌类有强的抑制生长作用，而对古细菌与真核细胞却无作用。

（2）DNA、基因结构与细菌不同。古细菌 DNA 中存在有重复序列。此外，多数古细菌的基因组中存在内含子。

（3）有类核小体结构。细菌的 DNA 裸露，不与组蛋白结合；古细菌的 DNA 与组蛋白结合，且能构建成类似核小体结构。

（4）有类似真核细胞的核糖体。多数古细菌的核糖体较细菌的大，含有 60 种以上蛋白质，介于真核细胞（70～84）与细菌（55）之间。抗生素同样不能抑制古细菌类的核糖体和蛋白质合成。

（5）5S rRNA 序列与真核生物相似。根据对 5S rRNA 的分子进化分析，认为古细菌与真核细胞同属一类，而细菌却与之差距甚远。5S rRNA 二级结构的研究也说明很多古细菌与真核细胞相似。

20 世纪 70 年代 Carl Woese 等根据对古细菌核糖体 RNA、核糖体蛋白质及其结构特征的研究，提出了三界假说，将整个生物界分为三个基本的类群：原核生物、古细菌和真核生物，并认为真核生物与古细菌有共同祖先。然而，近年来的研究结果表明，真核生物与古细菌中的一类——泉古菌门（Eocyte）亲缘关系更近，真核生物可能是古细菌的一个子类群，推测整个生物界分为原核生物和古细菌两个基本类群，而真核生物是在它们二者的共同作用下产生的。

第三章 细胞生物学研究方法

一、名词解释

1. 分辨率（limit of resolution）：显微镜能区分开两个质点间的最小距离，公式为 $D=0.61\lambda/[N\sin(\alpha/2)]$。其中，$D$ 为样品中可以被分辨开来的两质点间的最小距离；λ 为照射光的波长；N 为介质的折射率；α 为透镜的镜口角，与透镜孔径大小直接相关。

2. 冷冻蚀刻技术（freeze etch technique）：样品经冷冻断裂后，在真空中短暂暴露，使断裂面上的一层薄冰升华，暴露出蚀刻面，以便在电子显微镜下进行观察。

3. 单克隆抗体（monoclonal antibody）：来自单个细胞克隆所分泌的抗体分子。

4. 原代细胞培养（primary cell culture）：直接从有机体取出组织，通过组织块长出单层细胞，或者用酶消化或机械方法将组织分散成单个细胞，在体外进行培养，在首次传代前的培养称为原代细胞培养。

5. 细胞融合（cell fusion）：在自发或人工诱导条件下，两个不同基因型的细胞或原生质体融合形成一个杂种细胞。有性繁殖时发生的精卵结合是自发的正常的细胞融合。

6. 流式细胞术（flow cytometry，FCM）：是20世纪70年代发展起来的一种以流式细胞仪为工具，能对细胞的物理或化学性质，如细胞大小、内部结构、DNA、RNA、蛋白质、抗原等快速测量的新型分析技术和分选技术。

二、填空题

1. 可见光或紫外线，光学玻璃，电子束，电磁场。
2. 荧光显微镜，相差显微镜，暗视野显微镜。
3. 环状光阑，可变光阑，带相板的物镜，普通物镜，合轴调中望远镜，滤色片。
4. 激发滤片，二向色镜（双色束分离器），阻断滤片，火（血）红色，橘红色。
5. 超薄切片技术，负染技术，冰冻蚀刻技术，冰冻蚀刻技术。
6. 差速离心法，层析法，电泳法。
7. 分析技术，分选技术。
8. 相衬显微镜（相差显微镜），活细胞。
9. 电子显微镜，亚显微水平。
10. 扫描隧道显微镜，表面的原子结构和电子结构。
11. 正常淋巴细胞（如小鼠脾细胞），瘤细胞（如骨髓瘤细胞），单克隆抗体技术。
12. 超高分辨率荧光显微技术，微米尺度，纳米尺度，单个分子的运动。

三、选择题

1. C；2. A；3. D；4. B；5. A；6. D；7. C

四、问答题

1. 简述光学显微镜和电子显微镜成像原理的异同。

答：相同点：光学显微镜和电子显微镜成像都需要三个基本要素：照明系统、被观察的样品、聚焦和成像的透镜系统。

不同点：在光学显微镜中，照明系统是可见光，使用的是玻璃透镜系统，可直接通过目镜观察镜像。在电子显微镜中，照明系统为电子束，使用电磁透镜，通过荧光屏观察样品的镜像。

2. 为什么电子显微镜不能完全替代光学显微镜？

答：电子显微镜用电子束代替了光束，大大提高了分辨率，电子显微镜相对光学显微镜是个飞跃。但是电子显微镜的样品制备更加复杂，镜筒需要真空，成本更高，只能观察

“死”的样品，不能观察活细胞。光学显微镜技术性能要求不高，使用容易；可以观察活细胞，观察视野范围广，可在组织内观察细胞间的联系；而且一些新发展起来的光学显微镜能够观察特殊的细胞或细胞结构组分。因此，电子显微镜不能完全代替光学显微镜。

3. 细胞融合有哪几种方法？病毒诱导与 PEG 的作用机制有何不同？

答：细胞融合的方法有 4 种：病毒法、聚乙二醇（PEG）法、电激法和激光法。

病毒诱导：足够数量的紫外灭活的病毒颗粒黏附在细胞膜上起搭桥作用，使细胞黏着成堆，细胞紧密靠近，同时细胞膜发生了一定的变化，在 37℃水浴条件下，黏结部位的细胞膜破坏，形成通道，细胞质流通并融合，病毒颗粒也随之进入细胞。两个细胞合并，细胞发生融合。

聚乙二醇（PEG）法：PEG 能改变各种细胞的膜结构，使两个细胞接触点处质膜的脂类分子发生疏散和重组，利用两个细胞接口处双分子层质膜的相互亲和及彼此的表面张力作用，使细胞发生融合。

第四章 细胞质膜

一、名词解释

1. 脂质体（liposome）：在水溶液环境中根据磷脂分子可在水相中形成稳定的脂双层膜的特性，人工形成的一种球形脂双层结构。脂质体的应用：研究膜脂与膜蛋白及其生物学性质；脂质体中裹入 DNA 可用于基因转移；在临床治疗中，脂质体作为药物或酶等的载体。

2. 溶血作用（hemolysis）：红细胞质膜的透化作用。实验过程中，将红细胞放置在低渗溶液中，细胞吸水发生膨胀、破裂，释放出内容物并留下膜空壳（血影）。

3. 胆固醇（cholesterol）：动物细胞内的一种固醇类物质，占细胞质膜中脂质物质的半数以上。膜内胆固醇相对含量的高低可以影响膜的流动性。

4. 荧光漂白恢复技术（fluorescence photobleaching recovery，FPR）：研究膜组分流动性的技术，通过膜组分与荧光染料连接，用激光不可逆地漂白膜上的某一荧光区域，然后根据漂白区荧光恢复的速率，研究膜的流动性。

5. 膜骨架（membrane skeleton）：是指细胞质膜下与膜蛋白相连的由纤维蛋白组成的网架结构，其功能是维持细胞质膜的形状并协助质膜完成多种生理功能。红细胞膜骨架蛋白的主要成分包括血影蛋白、肌动蛋白、锚定蛋白、带 3 蛋白、带 4.1 蛋白等。

二、填空题

1. 整合蛋白，外周蛋白，脂锚定蛋白，膜蛋白。

2. 流动镶嵌模型，流动性，不对称性。

3. 人鼠细胞融合实验，淋巴细胞的成斑成帽反应，光脱色荧光恢复技术，电子自旋共振谱技术。

4. 血影蛋白，肌动蛋白，锚蛋白，带 4.1 蛋白。

三、选择题

1. B；2. C；3. A；4. C；5. B；6. A

四、问答题

1. 简述生物膜的流动镶嵌模型的内容和意义。

答：内容：S.J.Singer 和 G.Nicolson（1972 年）提出生物膜的流动镶嵌模型（fluid mosaic model），即脂类分子呈双分子层排列，构成了膜的网架，是膜的基质，蛋白质分子镶嵌在网孔中；它强调两点，一是强调了膜的流动性，二是强调了膜蛋白分布的不对称性。

意义：流动镶嵌模型能比较满意地解释许多膜生物学现象。这一模型不只是一种质膜模型，对细胞的各种膜均具有普遍意义。

2. 膜的流动性是什么？与它的生理功能有什么联系？影响膜的流动性的因素有哪些？

答：膜的流动性是指构成膜的脂和蛋白质分子的运动性，是生物膜的基本特征之一，是细胞进行生命活动的必要条件。

影响因素：影响膜流动性的因素主要来自膜本身的组成成分、遗传因子及环境的理化因素（如温度、pH、离子强度、药物等）。具体有：①膜脂分子中脂肪酸链的长短和不饱和程度（链短，分子运动快；不饱和程度高，分子运动频繁）。②胆固醇插在膜磷脂之间，具双向调节作用：一方面可防止磷脂过度运动，增加膜脂有序性并降低其流动性，调节膜的机械性能，保持膜的稳定性；另一方面防止磷脂的碳氢链相互凝聚以保证膜的流动。③膜蛋白的影响：细胞质膜下的骨架结构与膜整合蛋白结合限制了膜蛋白移动；细胞外基质中的某些分子与膜整合蛋白结合限制了膜蛋白的移动；膜蛋白与另一细胞的膜蛋白作用限制了自身的移动；膜中其他不动蛋白质限制了膜蛋白的移动。④温度对膜脂的运动有明显的影响。膜既可以晶态存在，又可以液态存在，主要是根据温度的变化而定。⑤细胞骨架不但影响膜蛋白的运动，也影响其周围膜脂的流动。⑥膜蛋白与膜分子的相互作用也是影响膜流动性的重要因素。

3. 膜的不对称性是什么？与它的生理功能有什么联系？膜的不对称性表现在哪些方面？

答：膜的不对称性主要是指膜蛋白、脂和糖这些成分分布的不对称，以及这些分子在方向上的不对称。膜脂、膜蛋白及膜糖分布的不对称性导致了膜功能的不对称性和方向性，保证了生命活动的高度有序性。

膜的不对称性表现在以下几个方面：①膜脂的不对称性表现在脂双层中分布的各类脂的种类和比例不同，如糖脂仅存在于质膜的 ES 面，是完成其生理功能的结构基础。②膜蛋白的不对称性表现在每种蛋白质分子在细胞膜上都具有明确的方向性；膜蛋白的不对称性是生物膜完成复杂的在时间与空间上有序的各种生理功能的保证。③膜糖以糖蛋白或糖脂的形式存在，膜糖的不对称表现在无论是糖蛋白还是糖脂的糖基都位于膜的外表面。

4. 膜的流动性和膜的不对称性的研究方法有哪些？

答：膜流动性的研究方法有人、鼠细胞融合实验，淋巴细胞的成斑和成帽反应，光脱色荧光恢复技术和电子自旋共振谱技术等。

膜不对称性的研究方法有冰冻断裂技术、同位素标记法、酶水解法等。

5. 有人说红细胞是研究膜结构的最好材料，你能说说理由吗？

答：首先，红细胞数量大，取材容易（体内的血库），极少有其他类型的细胞污染；其次，成熟的哺乳动物的红细胞中没有细胞核和线粒体等膜相细胞器，细胞膜是它的唯一膜结构，所以分离后不存在其他膜污染的问题。

6. 红细胞质膜膜蛋白、膜骨架的成分、膜骨架结构及功能是什么？

答案要点：红细胞质膜蛋白的主要成分包括血影蛋白（或称为红膜肽）、锚蛋白、带3蛋白、带4.1蛋白、肌动蛋白，还有一些血型糖蛋白。

膜骨架蛋白的主要成分包括血影蛋白、肌动蛋白、锚蛋白和带4.1蛋白等。

膜骨架结构：位于细胞膜内侧，由膜蛋白和纤维蛋白组成网架结构，即血影蛋白与肌动蛋白结合组成膜骨架基本网络结构，该结构通过两种方式与细胞质膜相互作用，即通过带4.1蛋白与血型糖蛋白连接、通过锚蛋白与带3蛋白连接。

功能：质膜蛋白与膜骨架复合体的相互作用赋予了红细胞质膜的刚性与韧性。

7. 奥地利医学家、生理学家卡尔·兰德斯坦纳（Karl Landsteiner）在1900年发现了人类的血液按红细胞与血清中的不同抗原和抗体可分为许多类型，当时他发现了A、B、O三种血型，并因此获得1930年诺贝尔生理学或医学奖。试述红细胞膜上的糖基是如何决定血型的？

答：人的ABO血型分为A型、B型、AB型和O型4种。不同血型是由红细胞膜上抗原末端的糖基来决定的。A血型的人红细胞膜抗原末端的糖基是*N*-乙酰半乳糖胺(GalNAc)；B血型的人红细胞膜抗原末端的糖基是半乳糖（Gal）；AB血型的人红细胞膜抗原末端同时具有这两种糖基；O血型的人则没有这两种糖基，即在抗原的末端既无*N*-乙酰氨基半乳糖又无半乳糖。红细胞膜抗原末端有不同糖基的原因是A血型的人有能在糖链末端添加*N*-乙酰半乳糖胺的酶；B血型的人有能在糖链末端添加半乳糖的酶；AB血型的人同时有上述两种酶；O血型的人则没有上述两种酶。

第五章　物质的跨膜运输

一、名词解释

1. 主动运输（active transport）：由载体蛋白所介导的消耗细胞代谢能的由浓度低的一侧向浓度高的一侧进行的跨膜转运。细胞代谢能量来源主要有三种类型：①ATP驱动的泵通过水解ATP直接提供；②间接提供能量的协同运输中的离子梯度动力；③光驱动的泵利用光能运输物质，如细菌。

2. 被动运输（passive transport）：物质跨膜运输的方向是由高浓度向低浓度运输，运输动力来自物质的浓度梯度，不需要细胞提供代谢能量，分为简单扩散和载体介导的协助扩散。

3. 协同转运（cotransport）：由 Na^+-K^+泵（或 H^+-泵）与载体蛋白协同作用，靠间接消耗 ATP 所完成的主动运输方式。

二、填空题

1. 通道蛋白，载体蛋白。
2. 逆浓度运输，依靠膜运输蛋白，消耗细胞代谢的能量，具有选择性和特异性。
3. P 型，V 型，F 型，ABC。
4. 3，2。
5. 胞吞作用，胞吐作用。
6. 线粒体，内质网，细胞外基质，Ca^{2+}泵。

三、选择题

1. E；2. A；3. C

四、问答题

1. 扩散（diffusion）和渗透（osmosis）有什么不同？

答：扩散是指物质沿着浓度梯度从半透性膜浓度高的一侧向低浓度一侧移动的过程，这种过程也称为简单扩散。从自由能角度看，扩散是物质从自由能高的一侧向自由能低的一侧流动。

渗透是指水分子及溶剂通过半透性膜的扩散。水的扩散同样是从自由能高的地方向自由能低的地方移动。从溶质角度看，水是从溶质浓度低的地方向溶质浓度高的地方流动。

2. 比较被动运输与主动运输的特点及其生物学意义。

答：被动运输与主动运输的特点如习题表 2 所示。

习题表 2 被动运输与主动运输特点的比较

性质	简单扩散	促进扩散	主动运输
参与运输的膜成分	脂	蛋白质	蛋白质
被运输的物质是否需要结合	否	是/否	是
能量来源	浓度梯度	浓度梯度	ATP、光能或浓度梯度等
运输方向	顺浓度梯度	顺浓度梯度	逆浓度梯度
特异性	无	有/无	有
运输的分子高浓度时的饱和性	无	有	有

生物学意义：动物细胞借助 Na^+-K^+泵维持细胞渗透平衡，同时利用胞外高浓度的 Na^+所储存的能量，主动从细胞外摄取营养；植物细胞、真菌（包括酵母）和细菌细胞借助膜上的 H^+泵，将 H^+泵出细胞，建立跨膜的 H^+电化学梯度，利用 H^+电化学梯度来驱动主动转运溶质进入细胞；Ca^{2+}泵主要存在于细胞膜和内质网膜上，将 Ca^{2+}输出细胞或泵入内质网腔中储存，以维持细胞内低浓度的游离 Ca^{2+}，Ca^{2+}对调节肌细胞的收缩与舒张至关重要。

3. 动物细胞、植物细胞和原生动物细胞应对低渗膨胀的机制有何不同?

答：动物细胞借助 Na^+-K^+泵维持细胞内低浓度溶质；植物细胞依靠坚韧的细胞壁避免膨胀和破裂；原生动物通过收缩胞定时排出进入细胞的过量水而避免膨胀。

4. 在细胞内部，Na^+的浓度比细胞外的要低，而 K^+浓度比细胞外的环境高。丹麦科学家斯科（Jens C.Skou）因为首先发现了维持细胞中 Na^+和 K^+平衡的 Na^+/K^+ATPase 而获 1997 年度诺贝尔化学奖。试述 Na^+/K^+泵（Na^+/K^+pump 或 Na^+/K^+ATPase）的结构、作用机制及意义。

答：Na^+/K^+泵（Na^+/K^+pump 或 Na^+/K^+ATPase）是一种载体蛋白，由两个大亚基（α 亚基）和两个小亚基（β 亚基）组成寡聚体，分布于动物细胞的质膜。α 亚基是催化亚单位，是跨膜蛋白，在膜的内侧有 ATP 结合位点，以及 Na^+和 K^+结合位点，主要执行泵的功能。β 亚基主要调节 α 亚基的构型和活性。

Na^+/K^+泵的工作原理：Na^+/K^+泵通过磷酸化和去磷酸化过程发生的构象变化，导致与 Na^+、K^+的亲和力发生变化，使 Na^+运出、K^+输入。

具体过程是：①当细胞内 Na^+浓度升高时，3 个 Na^+在膜内侧与 ATP 酶结合，激活 ATP 酶活性，使 ATP 分解，α 亚基被磷酸化，酶构象发生变化，与 Na^+结合的部位转向膜外侧；这种磷酸化的酶对 Na^+的亲和力低，对 K^+的亲和力高，因而在膜外侧释放 3 个 Na^+而与 2 个 K^+结合。②K^+与磷酸化的酶结合后，使酶去磷酸化；去磷酸化后的酶恢复原构型，于是将结合的 K^+释放到细胞内；恢复原构型后的酶而又与 3 个 Na^+结合进入下一个循环。

Na^+/K^+泵工作的结果，每一循环水解1个ATP、运出3个Na^+、输入2个K^+，使细胞内的Na^+浓度低至细胞外的1/30～1/10，而细胞内的K^+浓度比细胞外高10～30倍。由于细胞外的Na^+浓度高，且Na^+带正电荷的，所以Na^+/K^+泵使细胞外带上正电荷。

意义：Na^+/K^+泵具有三个重要作用，一是维持细胞的渗透性；二是维持低Na^+、高K^+的细胞内环境，同时为葡萄糖协同运输泵提供驱动力；三是维持细胞的静息电位，为神经和肌肉电脉冲传导提供基础。

5. 如何理解“被动运输是减少细胞与周围环境的差别，而主动运输则是努力创造差别，维持生命的活力”？

答：主要是从创造差异对细胞生命活动的意义方面来理解这一说法。主动运输涉及物质输入、输出细胞和细胞器，并且能够逆浓度梯度或电化学梯度运输。这种运输对于维持细胞和细胞器的正常功能来说起三个重要作用：①保证了细胞或细胞器从周围环境中或表面摄取必需的营养物质，即使这些营养物质在周围环境中或表面的浓度很低；②能够将细胞内的各种物质，如分泌物、代谢废物及一些离子排到细胞外，即使这些物质在细胞外的浓度比细胞内的浓度高得多；③能够维持一些无机离子在细胞内恒定和最适的浓度，特别是K^+、Ca^{2+}和H^+的浓度。概括地说，主动运输主要是维持细胞内环境的稳定，以及在各种不同生理条件下细胞内环境的快速调整，这对细胞的生命活动来说是非常重要的。

6. 美国科学家彼得·阿格雷（Peter Agre）因对细胞膜水通道的发现及研究而获得2003年诺贝尔化学奖。请问什么是水通道蛋白（aquaporin、AQP）？传统观点认为水分子是以简单扩散的方式通过排列紧密的膜脂双分子层；据此水分子通过细胞膜时的速率应该很慢，但事实上为什么水分子能以很快的速率大量通过细胞膜？

答：水通道蛋白又名水孔蛋白，它是对水专一的通道蛋白，普遍存在于动物、植物及微生物中。它所介导的自由水快速被动的跨生物膜转运，是水进出细胞的主要途径。第一个水通道蛋白于1988年由Agre等发现，是一个28kDa的疏水性膜蛋白，称为CHIP28。AQP1由4个相同的亚基构成，每个亚基的分子质量为28kDa，每个亚基有6个跨膜结构域，在跨膜结构域2与3、5与6之间有一个环状结构，是水通过的通道。

水通道蛋白的发现及水通道学说的建立使水分子快速大量通过细胞膜的难题迎刃而解。水进出细胞主要依靠简单扩散和水通道协助扩散两种方式，前一方式转运水的速率较慢，而后一方式则较快。在渗透压梯度存在时水借助细胞膜上的水孔蛋白而实现快速转运，水孔蛋白具有选择透过性、对水通透系数高、活化能低、过程快、基本处于激活状态等特点。迄今为止，已发现几十种水通道蛋白，它们在动物和植物的生长发育等方面发挥着广泛而重要的作用。

7. 胆固醇在体内主要以低密度脂蛋白（LDL）形式通过血液转运被肝细胞摄取，肝脏能把胆固醇清除出体外，从而防止胆固醇在血液和动脉中蓄积。血管血液中胆固醇水平过高是导致动脉粥样硬化性心脏病的重要原因。1973 年，两位美国科学家布朗（Michael S.Brown）和戈尔茨坦（Joseph L.Goldstein）发现细胞表面有 LDL 受体存在，这种受体能与血液中含胆固醇的脂蛋白颗粒结合，它在把胆固醇从血液转移到肝细胞内的过程中起着关键作用；两位科学家因此获 1985 年诺贝尔生理学或医学奖。试以肝细胞摄取 LDL 为例，简述 LDL 经受体介导的内吞作用被吞入细胞和被利用的过程。

答：基本过程是：①LDL 是胆固醇与蛋白质结合形成的复合物，LDL 在质膜的被膜小窝中与受体结合；②小窝向内出芽；③形成被膜小泡；④网格蛋白去聚合形成无被小泡（初级内体）；⑤内体调整 pH 至酸性，使 LDL 与受体脱离（次级内体）；⑥受体被分拣出来，被载体小泡运回到质膜；⑦通过膜融合，受体回到质膜再利用；⑧LDL 被分选进入没有受体的小泡，与初级溶酶体融合形成次级溶酶体；⑨在次级溶酶体中，蛋白质被降解成氨基酸，胆固醇脂被水解产生胆固醇和脂肪酸进入细胞质被细胞利用。

第六章　细胞的能量转换——线粒体和叶绿体

一、名词解释

1. 线粒体（mitochondrion）：将储存在有机物中的能量通过氧化磷酸化过程形成 ATP 的细胞器。线粒体是一种能量转换细胞器，此外，还参与细胞凋亡等重要生理过程。

2. 结合变构模型（binding change model）：利用质子动力势驱动 ATP 合成酶构象发生改变，将 ADP 和无机磷合成 ATP 的模型。

3. 内共生学说（endosymbiont theory）：关于叶绿体和线粒体起源的假说，认为叶绿体和线粒体起源于被原始真核细胞吞噬的共生原核生物。

4. 呼吸链（respiratory chain）：又称为电子传递链，是线粒体内膜上一组酶的复合体，由 4 种复合物、细胞色素 c 和辅酶 Q 组成；其功能是进行电子传递、H^+的传递及氧的利用，最后产生 H_2O 和 ATP。

二、填空题

1. 詹姆斯绿B（Janus green B）。
2. 细胞色素氧化酶，单胺氧化酶，腺苷酸激酶，柠檬酸合成酶。
3. 电子传递链（呼吸链），ATP合成酶。
4. 合成ATP，水解ATP。
5. 叶绿体，有色体，白色体。
6. 光合色素分子，水光解，电子传递，能量转换，光合膜，光反应。
7. 核酮糖-1，5-二磷酸羧化酶（1，5-二磷酸核酮糖羧化酶）。
8. 原初反应，电子传递光合磷酸化，碳同化。
9. 氧化磷酸化，质子动力势，循环式光合磷酸化，非环式光合磷酸化。

三、选择题

1. A；2. A；3. C；4. D；5. B；6. C；7. D；8. A；9. D；10. A；11. B；12. D；13. D；14. A

四、问答题

1. 简述线粒体内膜的特点和主要功能。

答：线粒体内膜的特点是内膜的磷脂主要是心磷脂，具有高度不通透性；脂类和蛋白质的比值近 0.3∶1，含有与能量转换相关的蛋白质，如电子传递链和氧化磷酸化的酶；向内折叠形成嵴，增大表面积。

主要功能：①进行电子传递和氧化磷酸化，合成 ATP；②线粒体作为起始的主开关，可以开启内膜上的非特异性通道——线粒体通透性转变孔（mtPTP），释放细胞色素 c，启动细胞凋亡。

2. 试比较线粒体与叶绿体结构和功能的主要差异。

答：线粒体是“两膜两空间”的结构。外膜含孔蛋白，通透性较高；内膜高度不通透性，向内折叠形成嵴；含有与能量转换相关的蛋白质，为氧化磷酸化的主要场所；膜间隙含许多可溶性酶、底物及辅助因子；基质含三羧酸循环酶系、线粒体基因、表达酶系，以及线粒体 DNA、RNA、核糖体等。

叶绿体是“三膜三空间”的结构。外膜含孔蛋白，通透性较高；内膜通透性较差，不向内折叠成嵴；含较多的转运蛋白；类囊体膜上有捕光系统、电子传递链和 ATP 合成酶，是光合磷酸化的主要场所；基质含卡尔文循环酶系、叶绿体基因、表达酶系，以及叶绿体 DNA、RNA、核糖体等。

3. 1961 年米歇尔（Peter Mitchell）提出了化学渗透学说（chemiosmotic hypothesis），阐明了电子传递链中电子传递和 ADP 磷酸化的偶联是通过在膜内外造成了电化学质子梯度进行的，他因此而获得了 1978 年的诺贝尔奖。氧化磷酸化的化学渗透假说“解决了水力发电站筑坝的机制”，试述化学渗透学说的基本内容。

答：当电子沿呼吸链传递时，所释放的能量将质子从内膜基质侧泵至膜间隙，由于线粒体内膜对离子是高度不通透的，从而使膜间隙的质子浓度高于基质，在内膜的两侧形成 pH 梯度及电位梯度，两者共同构成电化学梯度，即质子动力势。质子沿电化学梯度穿过内膜上的 ATP 酶复合物流回基质时，使 ATP 酶的构象发生改变，将 ADP 和 Pi 合成 ATP。

4. 20 世纪 70 年代，美国的博耶（Paul D.Boyer）提出了由 ADP 和无机磷生成 ATP 的机制——“结合变构机制”（binding change mechanism），阐明了 ATP 合酶是如何利用跨膜的质子梯度使 ADP 和无机磷间建立共价键而形成 ATP 的。1994 年沃克及其合作者阐明了 ATP 合成酶的三维空间结构并获得了高分辨率牛心线粒体 F1-ATP 酶的晶体结构。美国的博耶（Paul D.Boyer）和英国的沃克（Jonh E.Walker）因此获得 1997 年度诺贝尔化学奖。ATP 合酶的结构模型“解决了水力发电站发动机的结构问题”，ATP 合酶的结合变构机制“解决了水力发电站如何发电的问题”。试述 ATP 合酶的结构、功能和结合变构机制的主要内容。

答：ATP 合酶的结构：ATP 合酶形状如蘑菇，属 F 型质子泵，分为球形的 F_1（头部）和嵌入膜中的 F_0（基部）。F_1 由 5 种多肽组成 $\alpha_3\beta_3\gamma\delta\varepsilon$ 复合体，具有 3 个 ATP 合成的催化位点（每个 β 亚基具有一个）。F_0 由 3 种多肽组成 ab_2c_{12} 复合体，嵌入内膜，12 个 c 亚基组成一个环形结构，具有质子通道。

ATP 合酶的功能：该酶在分离状态下具有 ATP 水解酶的活性，在结合状态下具有 ATP 合酶的活性。

结合变构机制的主要内容：F_1 中的 γ 亚基作为 c 亚基旋转中心中固定的转动杆，旋转时会引起 αβ 复合物构型的改变。①F_1 中的 γ 亚基作为 c 亚基旋转中心中固定的转动杆，旋转时会引起 αβ 复合物构型的改变，有 3 种不同的构型，对 ATP 和 ADP 具有不同的结合能力；在 L（loose）构象，ADP、Pi 与酶疏松结合在一起；在 T（tight）构象，底物（ADP、Pi）与酶紧密结合在一起，在这种情况下可将两者加合在一起；在 O（open）构象，ATP 与酶的亲和力很低，被释放出去。②质子通过 F_0 时，引起 c 亚基构成的环旋转，从而带动 γ 亚基旋转，由于 γ 亚基的端部是高度不对称的，它的旋转引起 β 亚基 3 个催化位点构象的周期性变化（L、T、O），不断将 ADP 和 Pi 加合在一起，形成 ATP，即“转子”旋转 120°，3 个 β 亚基随即均发生构象改变，这样，“转子”每旋转 360°，就驱动释放 3 分子 ATP。ATP 合酶利用质子动力势，产生构象的改变，改变与底物的亲和力，催化 ADP 形成 ATP。

5. 为什么说线粒体和叶绿体是半自主性细胞器?

答：线粒体和叶绿体都有自己的 DNA、RNA、核糖体和蛋白质合成机制，但其大部分的蛋白质合成和生命活动都要受到核基因的控制，因此其自主性是有限的。具体关系如下：①线粒体和叶绿体都有环状的 DNA，都拥有合成蛋白质的整套装置。②两者的 DNA 都能进行复制，但复制仍受核基因组的控制。组成线粒体的蛋白质大部分是由核 DNA 编码、在细胞质中合成的。组成叶绿体的各种蛋白质成分是由核 DNA 和叶绿体 DNA 分别编码，只有少部分蛋白质是由叶绿体 DNA 编码的。③线粒体、叶绿体的生长和增殖受核基因组和其本身的基因组两套遗传系统的共同控制，因而，它们被称为是半自主性的细胞器。

6. 线粒体与细胞凋亡有何关系？它是如何参与并启动细胞进入死亡程序的？

答：线粒体作为起始凋亡的主开关，可以开启内膜上的非特异性通道——线粒体通透性转变孔（mtPTP），在调控细胞凋亡中有重要作用。

在死亡信号诱导下，线粒体过量摄取钙离子，降低了线粒体的产能，加剧了其氧化压力，使线粒体通透性转变孔开启；转变孔（PT）的开启解除了内膜的氢离子浓度梯度，导致呼吸链解偶联，同时，基质空间扩张，外膜胀破。膜间隙中细胞色素 c、凋亡诱导因子（AIF）被释放；细胞色素 c 是切冬酶的激活蛋白，从而激活切冬酶的蛋白质降解途径，引起细胞结构的破坏；AIF 释放后进入细胞核，使染色质凝缩并造成 DNA 大规模的片段化，进而使细胞死亡。

7. 简述线粒体和叶绿体的起源。

答：目前主要有内共生起源和非内共生起源两个学说。

内共生起源学说：1905 年 Mereschkowsky 提出叶绿体起源于细胞内共生的蓝藻。1970 年 Margulis 提出线粒体的祖先是一种革兰氏阴性菌，一种可进行三羧酸循环和电子传递的革兰氏阴性菌被原始真核生物吞噬后与宿主间形成共生关系，并进化成为现在的线粒体。叶绿体的祖先是原核生物的蓝细菌（Cyanobacteria），即蓝藻，在生物进化过程中被原始真核细胞吞噬，共生在一起进化成为现在的叶绿体。

该学说能解释线粒体和叶绿体在基因组大小、形态和结构方面，以及蛋白质合成机制和繁殖方式与细菌相似；也能解释线粒体和叶绿体两层被膜有不同的进化来源，即外膜与细胞的内膜系统相似，内膜与细菌质膜相似。但不能解释细胞核是如何进化来的，即原核细胞如何演化为真核细胞？

非内共生起源学说：又称为细胞内分化学说。认为线粒体的发生是质膜内陷的结果。有几种模型，其中 Uzzell 的模型认为：在进化的最初阶段，原核细胞基因组进行复制，并不伴有细胞分裂，而是在基因组附近的质膜内陷形成双层膜，将分离的基因组包围在这些双层膜的结构中，从而形成结构可能相似的原始的细胞核、线粒体和叶绿体等细胞器。后来在进化的过程中，增强分化，核膜失去了呼吸和光合作用，线粒体成了细胞的呼吸器官，这一学说解释了核膜的演化渐进过程。

该学说能解释真核细胞核被膜的形成与演化的渐进过程，但不能解释线粒体和叶绿体与细菌有那么多的相似之处，以及不能解释线粒体和叶绿体两层被膜有不同的进化来源。

第七章　真核细胞内膜系统、蛋白质分选与膜泡运输

一、名词解释

1. 内膜系统（endomembrane systems）：细胞质中在结构、功能和发生上相互联系的膜性细胞器的总称，包括内质网、高尔基体、胞内体、溶酶体和液泡等；这些膜结构是相互流动的，处于动态平衡。广义上的内膜系统概念也包括线粒体、叶绿体、过氧化物酶体、细胞核等细胞内所有膜结合的细胞器。

2. 信号序列（signal sequence）：蛋白质中由特定氨基酸组成的一段或几段序列，

可以在蛋白质一级结构氨基酸序列的任何位置，决定着蛋白质在细胞中的最终定位。

3. 信号肽（signal peptide）：在蛋白质合成过程中，由 mRNA 上位于起始密码后的信号密码编码翻译出的肽链。它可与胞质中的信号识别颗粒（SRP）结合，形成 SRP-核糖体复合物，然后把核糖体带到内质网上，进行蛋白质的合成。

4. 信号识别颗粒（signal recognition particle，SRP）：由 6 条不同多肽和一个小 RNA 分子构成的 RNP 颗粒。它能识别并结合从核糖体中合成出来的内质网信号序列，指导新生多肽及核糖体和 mRNA 附着到内质网膜上。

5. 共翻译转运（co-translational translocation）：膜结合核糖体上合成的蛋白质，在它们进行翻译的同时就开始了转运，主要是通过定位信号，一边翻译，一边进入内质网腔，然后再进行进一步的加工和转移。由于这种转运定位是在蛋白质翻译的同时进行的，故称为共翻译转运。

6. 网格蛋白（clathrin）：又称为笼形蛋白，是一类包被蛋白，由 3 条重链和 3 条轻链组成，能组装形成多面体笼形结构，介导从高尔基体到溶酶体小泡及胞吞泡的形成等过程。

7. 肌质网（sarcoplasmic reticulum）：肌细胞中的光面内质网，储存有高浓度的 Ca^{2+}。

8. 膜泡运输（vesicular transport）：以膜泡的形式将蛋白质、脂分子等物质从细胞内的一个区间转运到另一个区间。

二、填空题

1. 糖原分解释放葡萄糖，类固醇激素的合成，脂的合成与运转，解毒。
2. 圆球体，中央液泡，糊粉粒。
3. 6-磷酸甘露糖。
4. 细胞质膜上，粗面内质网上。
5. 过氧化氢酶，乙醛酸循环体。
6. 信号肽，信号识别颗粒，信号识别颗粒受体（停泊蛋白）。
7. 共转移，后转移。
8. 分泌蛋白，膜整合蛋白，细胞器驻留蛋白。
9. 披网格蛋白小泡（网格蛋白包被小泡、网格蛋白有被小泡），COPⅡ被膜小泡（COPⅡ包被小泡、COPⅡ有被小泡），COPⅠ被膜小泡（COPⅠ包被小泡、COPⅠ有被小泡）。
10. SNARE 蛋白。
11. SNARE 假说，小泡运输与融合。
12. 磷脂转运蛋白出芽，糙面内质网，游离核糖体。

三、选择题

1. B；2. D；3. C；4. D；5. D；6. B；7. D；8. B；9. D；10. D；11. D；12. C；13. C；14. A；15. A；16. A

四、问答题

1. 简述溶酶体膜的特征。

答：嵌有质子泵，形成和维持溶酶体中酸性的内环境；具有多种载体蛋白用于将水解的产物向外转运；膜蛋白高度糖基化，可能有利于防止自身膜蛋白的降解。

2. 溶酶体中含有的都是水解酶类，溶酶体破裂会使细胞裂解吗？

答：如果是少量的溶酶体酶泄漏到胞质溶胶中，并不会引起细胞损伤，其主要原因是胞质溶胶中的 pH 为 7.0 左右，在这种环境下，溶酶体的酶基本没有活性。但是，如果溶酶体膜大量破裂，对细胞就有危害。

3. 简述溶酶体发生的甘露糖-6-磷酸途径。

答：溶酶体的酶类在内质网上起始合成，跨膜进入内质网腔，在此进行 *N*-糖基化，在内侧高尔基体对 *N*-连接的糖链进行磷酸化修饰，带上甘露糖-6-磷酸标记，在高尔基体外侧网络与膜受体结合后形成溶酶体分泌小泡，出芽形成的分泌小泡只同酸性的次级内体融合，通过次级内体的分选作用使受体再循环，最后通过脱磷酸成为成熟的溶酶体。

4. 为什么说高尔基复合体是具有极性的细胞器？

答：高尔基复合体的极性表现在高尔基体在细胞的位置、方向、物质转运与生化特性等方面。①结构上的极性：高尔基体的结构可分为几个层次的区室：靠近内质网的一面称为顺面、形成面或高尔基体内侧网络；高尔基体中间膜囊；靠近细胞质膜的一面称为反面、成熟面或高尔基体外侧网络；从顺面到反面，囊泡膜的厚度逐渐增大。②功能上的极性：高尔基体执行功能时是“流水式”操作，上一道工序完成了，才能进行下一道工序。

5. 光面内质网是如何参与肝细胞维持血液中葡萄糖水平的恒定？

答：肝细胞的一个重要功能是维持血液中葡萄糖水平的恒定，这一功能与葡萄糖-6-磷酸酶的作用密切相关。肝细胞是以糖原颗粒的形式储存葡萄糖，肝细胞光面内质网的胞质溶胶面附着有糖原颗粒，当肌体需要葡萄糖时，糖原即被降解。肝细胞中的糖原降解是受激素控制的，激素作为信号分子激发 cAMP 的浓度升高，然后由 cAMP 激活蛋白激酶 A，蛋白激酶 A 能够激活将糖原水解生成 1-磷酸葡萄糖的酶。由于 1-磷酸葡萄糖不能够通过扩散穿过细胞质膜进入血液，需要先转变成葡萄糖-6-磷酸，然后由光面内质网中的葡萄糖-6-磷酸酶将葡萄糖-6-磷酸水解生成葡萄糖和无机磷，释放游离的葡萄糖进入血液，维持血液中葡萄糖水平的恒定。

6. 高尔基复合体各部分囊泡在组织化学反应上的差异说明了一个什么问题？与其生物学功能之间又有什么关系？

答：利用专一性标记酶和组织化学方法的研究结果表明，高尔基池中含有许多加工寡糖链的酶，包括甘露糖转移酶、*N*-乙酰半乳糖转移酶、*N*-乙酰葡萄糖胺转移酶、岩藻糖转移酶、半乳糖转移酶及唾液酸转移酶；处于不同部位的高尔基池所含有的糖基转移酶的种类不同：①形成面的池含有使甘露糖和 *N*-乙酰半乳糖糖基化酶；②中部区域的池含有向寡糖链上转接 *N*-乙酰葡萄糖胺的酶；③成熟面的池含有向寡糖链上移接唾液酸、半乳糖和岩藻糖的酶。

这些糖基转移酶的作用是把寡糖转移到蛋白质上形成糖蛋白，从而可以看出，高尔基复合体的各部囊泡在功能上高度分区化，处于不同部位的高尔基囊泡所含有的加工寡糖链的糖基转移酶的种类不同，因此，从形成面到成熟面的囊泡是按照一定顺序对寡糖链进行加工的。先参与对寡糖链加工的酶位置偏向于顺面，而后参与加工的酶偏向于反面。这种顺序性加工可能有利于糖蛋白的分拣，从而使高尔基复合体能对不同的糖蛋白进行分别包装，使其具有不同的命运。

7. 什么叫胞内体（endosome）？怎样分类和区别？

答：胞内体也称为内体，是指动物细胞内由膜包裹的酸性的、不含溶酶体酶的小囊泡，是膜包围的细胞器。

有初级内体（early endosome）和次级内体（late endosome）之分，初级内体通常位于细胞质的外侧，次级内体常位于细胞质的内侧，靠近细胞核。其作用是转运由胞吞作用新摄取的物质到溶酶体被降解。一般认为，初级内体是由于细胞的内吞作用而形成的含有内吞物质的膜结合的细胞器；次级内体中的 pH 呈酸性，且具有分拣作用，能够分选与配体结合的受体，让它们再循环到细胞质膜表面或高尔基体反面网络。

初级内体和次级内体是可以区别的，因为它们的密度、pH 和酶的含量不相同。但是次级内体是如何产生的还不太清楚。

8. 比较蛋白质 *N*-连接糖基化和 *O*-连接糖基化。

答：粗面内网上合成的蛋白质有两种方式进行糖基化：通过天冬氨酸残基的 N 原子连接糖基或通过丝氨酸和苏氨酸残基的 O 原子连接糖基。*N*-连接糖蛋白合成的第一步在粗面内质网上进行，糖链是从磷酸多萜醇转移至新生肽链上。这种糖基化在高尔基体中继续被修饰。*O*-连接的糖基化是在高尔基体中进行的。

9. 何为细胞内蛋白质分选（protein sorting）？细胞内蛋白质的分选途径与生物学意义是什么？

答：依靠蛋白质自身信号序列，从蛋白质起始合成部位转运到其功能发挥部位的过程。内膜系统是蛋白质分选的主要系统。蛋白质分选不仅保证了蛋白质的正确定位，也保证了蛋白质的生物学活性。

蛋白质分选有两种主要方式：翻译后运输和共翻译运输。内膜系统参与了共翻译运输，是蛋白质分选的主要系统。

分选是由内膜系统特定部位的受体蛋白促成的，这些受体蛋白结合具有特定地址签的蛋白质，将其装入正确的运输小泡，而没有地址签的蛋白质则装入非特异性运输小泡。细胞生命周期的各阶段要不断补充及更新蛋白质，以满足细胞器的增殖、细胞的分裂生长、蛋白质的消耗等。所以蛋白质分选是细胞内最重要的生命活动之一。

10. “地址标签”信号肽引导新合成的蛋白质分子到达细胞内恰当的地点；如果信号出错，新合成的蛋白会在细胞内错误的地点“安家”，就会导致一系列疾病，尤其是一些遗传性疾病。1971 年，德裔美国生物学家布洛伯尔（Gunter Blobel）发现了“蛋白质自身具有内在的信号指导其在细胞内的转运和定位”，并首次系统地提出了“信号假说”；他因此被授予 1999 年诺贝尔生理学或医学奖。试述蛋白质共翻译转运的机制——信号肽假说的主要内容。

答：蛋白质在细胞内的转运和定位是由其N端氨基酸序列决定的。布洛伯尔认为，分泌蛋白在N端含有一信号序列，称为信号肽，由它指导在细胞质基质开始合成的多肽和核糖体转移到ER膜。①SRP的信号识别位点识别新生肽的信号序列并与之结合。②结合有信号的SRP通过它的第三个结合位点与内质网膜中受体结合，将核糖体附着到内质网的蛋白质转运通道。③当SRP-信号序列-核糖体-mRNA复合体锚定到内质网膜后，SRP受体将其结合的GTP水解的同时将SRP释放出来，此时蛋白质转运通道打开，核糖体与通道结合，新生的肽插入通道。④随着SRP的释放，蛋白质的合成重新开始，并向内质网腔装运，此过程不需要能量驱动，即多肽边合成边通过ER膜上的水通道进入ER腔。⑤信号肽酶切除信号序列。⑥蛋白质合成结束。

11. 真核生物活细胞每时每刻都在合成各种分子，这些分子在细胞内运输，或运出，或从细胞外运入。这些分子在细胞内多数是以“小泡”的形式传递的，这就是细胞的膜泡运输。试述膜泡运输的类型及其特点，并结合相关诺贝尔生理学或医学奖解读这一重要生命活动的阐明过程。

答：膜泡运输的类型及其特点：①网格蛋白有被小泡的运输，负责蛋白质从高尔基体TGN向质膜、胞内体或溶酶体和植物液泡运输。从TGN区出芽并由网格蛋白包被形成转运泡。②COPⅡ有被小泡的运输，负责从内质网到高尔基体的物质运输。由5种蛋白质亚基组成的蛋白质包被COPⅡ小泡，具有对转运物质的选择性并使之浓缩。选择性体现在：COPⅡ小泡能识别并结合跨膜内质网胞质面一端的信号序列；跨膜内质网蛋白的一端作为受体与ER腔的可溶性蛋白结合。③COPⅠ有被小泡的运输，负责回收、转运内质网逃逸蛋白返回内质网。逃逸的内质网蛋白的回收是通过回收信号介导的特异性受体完成的，这类受体能以COPⅠ有被小泡的形式捕获逃逸分子，并将其回收到内质网。

膜泡运输这一重要生命活动的阐明至少涉及4个诺贝尔生理学或医学奖。

20世纪60年代，乔治·帕拉德（George Palade）等发现，细胞分泌的蛋白质需要先进入内质网，再到高尔基体，然后分泌到细胞外。这个细胞分泌途径的重大发现，使他获得了1974年诺贝尔生理学或医学奖，但这个分泌途径的细节并不清楚。

1973年，两位美国科学家布朗（Michael S.Brown）和戈尔茨坦（Joseph L.Goldstein）发现细胞表面有LDL受体存在，这种受体能与血液中含胆固醇的脂蛋白颗粒结合，它在把胆固醇从血液转移到肝细胞内的过程中起着关键作用；两位科学家因此荣获1985年诺贝尔生理学或医学奖。

1975年，甘特尔·布洛贝尔（Gunter Blobel）发现蛋白质具有内在信号物质控制其运送到细胞内的特定位置，并提出了分泌蛋白进入内质网的信号肽学说，并因此获得了1999年诺贝尔生理学或医学奖。

20世纪八九十年代，美国细胞生物学家兰迪·谢克曼（Randy W.Schekman）发现了参与蛋白质分泌运输过程中经内质网到高尔基体运输过程中的50多个关键调控基因及其作用环节；美国生物医学家詹姆斯·罗斯曼（James E.Rothman）着重阐明了一个特殊的蛋白质复合物SNARE（可溶性*N*-乙基马来酰亚胺敏感的融合蛋白附着蛋白受体）在膜泡锚定和融合中的作用机制；基于前两位美国科学家的研究，德国生物化学家托马斯·聚德霍夫（Thomas C.Südhof）发现并解释了膜泡如何在指令下精确地释放出内部物质。他们因“发现细胞内的主要运输系统——膜泡运输的调节机制”而获得 2013 年诺贝尔生理学或医学奖。

自此，膜泡运输出芽、锚定和融合等基本过程及其调节机制得到了初步的揭示。

12. 如何理解膜结合细胞器在细胞内是按功能、分层次分布的?

答：从功能上看，细胞内膜结合细胞器的分布是功能越重要越靠近中央；从层次看，上游的靠内，下游的靠外。例如，细胞核位于细胞的中央，它是细胞中最重要的细胞器，有两层膜结构。细胞核的外膜与内质网的膜是联系在一起的，细胞核的外膜是粗面内质网的一部分。粗面内质网的功能是参与蛋白质合成，其作用仅次于细胞核，所以内质网位于细胞核的外侧。高尔基体在内质网的外侧，接受来自内质网的蛋白质和脂肪，然后对它们进行修饰和分选，它所完成的是内质网的下游工作。溶酶体是含有水解酶的囊泡，它由高尔基体分泌而来。内体是由内吞作用产生的具有分选作用的细胞器，它能向溶酶体传递从细胞外摄取的物质，这种细胞器一般位于细胞质的外侧。另外还有线粒体、过氧化物酶体等分布在细胞的不同部位。如果是植物细胞还有叶绿体和中央大液泡，它们是按功能定位的。

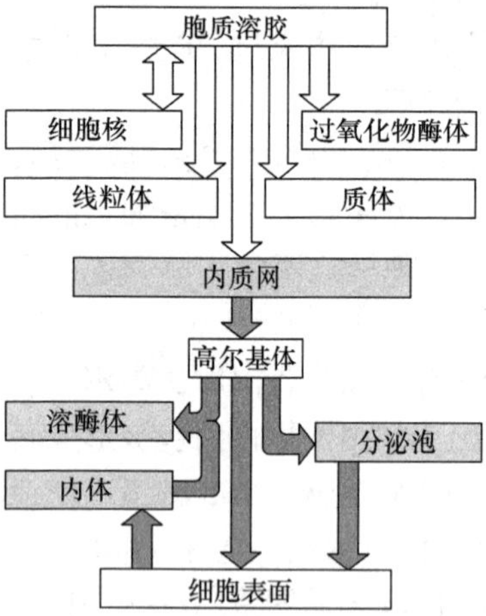

习题图 1　真核细胞膜泡运输系统

五、填图题（习题图 1）

第八章　细胞信号转导

一、名词解释

1. 细胞通讯（cell communication）：一个细胞发出的信息通过介质传递到另一个细胞产生相应的反应。细胞间的通讯对于多细胞生物体的发生和组织的构建，协调细胞的功能，控制细胞的生长、分裂、分化和凋亡是必需的。

2. 信号传导（cell signaling）：是指信号分子从合成的细胞中释放出来，然后进行传递。信号传导强调信号的产生、分泌与传送。

3. 信号转导（signal transduction）：是指信号的识别、转移与转换，包括配体与受体结合、第二信使的产生及其后的级联反应等。信号转导强调信号的接收与接收后信号转换的方式（途径）和结果。

4. 信号分子（signaling molecule）：是指生物体内用来在细胞间和细胞内传递信息的某些化学分子，如激素、神经递质、生长因子等。它们既非营养物，又非能源物质和结构物质，也不是酶，它们的唯一功能是同细胞受体结合，传递细胞信息。

5. Ras 蛋白（Ras protein）：Ras 是大鼠肉瘤（rat sarcoma，Ras）的英文缩写，是原癌基因 *c-ras* 的表达产物，属单体 GTP 结合蛋白，具有弱的 GTP 酶活性。Ras 蛋白的活性状态对细胞的生长、分化、细胞骨架、蛋白质运输和分泌等都具有影响，其活性则是通过与 GTP 或 GDP 的结合进行调节。

6. 受体酪氨酸激酶（receptor tyrosine kinase，RTK）：能将自身或胞质中底物上的酪氨酸残基磷酸化的细胞表面受体，主要参与细胞生长和分化的调控。

二、填空题

1. 离子通道型受体，G 蛋白偶联受体，酶偶联型受体。
2. 亲脂性信号分子，亲水性信号分子，气体信号分子。
3. cAMP 信号通路，磷脂酰肌醇信号通路。
4. GTP 酶活性，GTP，GDP。
5. 黏着斑的装配，黏着斑的信号转导。
6. 趋同，趋异，窜扰，信号分子水解，受体钝化，受体减量调节，磷酸酶。

三、选择题

1. C；2. A；3. C；4. B；5. A；6. A；7. B；8. D；9. D；10. C

四、问答题

1. 20世纪60年代，美国科学家罗德贝尔（Martin Rodbell）发现胰高血糖素发挥作用时除需产生cAMP 的原料ATP外，还需另一个能量分子GTP的参与，又进一步发现GTP是通过激活一种特定蛋白质来发挥生物学作用的，因此将这种蛋白质称为GTP结合蛋白（GTP binding protein），简称为G蛋白（G-protein）。20世纪70年代，美国科学家吉尔曼（Alfred Gilman）纯化了G蛋白，发现其是由3个亚基组成，即α、β和γ，因此又称为异三聚体G蛋白。他们也因G蛋白及其在细胞内信号转导中作用的发现而分享1994年诺贝尔生理学或医学奖。请问：什么叫G蛋白（G-protein）？简述G蛋白偶联系统中的G蛋白的组成及在信号转导中活性调节的过程。

答：与 GTP 或 GDP 结合的蛋白质又称为鸟苷酸结合调节蛋白（guanine nucleotide-binding regulatory protein），具有 GTPase 活性，以分子开关的形式通过结合或水解 GTP 调节自身活性。有异源三体和单体 G 蛋白两大家族。G 蛋白参与细胞的多种生命活动，如细胞通讯、核糖体与内质网的结合、小泡运输、蛋白质合成等。

G 蛋白偶联系统中的 G 蛋白是由 3 个不同亚基组成的异源三体，3 个亚基分别是 α、β、γ。β、γ 两个亚基通常紧密结合在一起，鸟苷结合位点位于 α 亚基上；此外，α 亚基还具有 GTPase 的活性结构域和 ADP 核糖化位点。其活性调节分为 3 个主要反应过程：第一步，受体和配体结合形成受体-G 蛋白复合物，结合后的 G 蛋白分离为两部分，即 β、γ 两个亚基通常紧密结合在一起，α 亚基则释放出 GDP，并与 GTP 结合形成了有活性的 G 蛋白；第二步，与 GTP 结合后的 G 蛋白 α 亚基单独去激活效应物分子产生第二信使；第三步，应答的终止，即当 GTP 被水解成 GDP 时，信号转导终止，并重新形成反应开始时的非活性的三体复合物。

2. 1968 年，美国科学家罗伯特 · J · 莱福特霍维茨（Robert J.Lefkowitz）成功地采用碘同位素标记了 β-肾上腺素受体，并使其在细胞膜上显示出来。20 世纪 80 年代，美国科学家布莱恩·K·卡比尔卡（Brian K.Kobilka）等从人类基因库中克隆出β-肾上腺素受体基因，并于 2011 年获得了 β-肾上腺素受体被激素激活时的清晰结构图。从此揭示了细胞表面最大的一个受体家族——G 蛋白偶联受体（G-protein linked receptor ，GPCR）家族的秘密；他们也因在 G 蛋白偶联受体方面的贡献而获得 2012 年诺贝尔化学奖。请问：什么是 G 蛋白偶联受体？简述其结构并举例说明其在临床药物的调控功能。

答：G 蛋白偶联受体是一种与三聚体 G 蛋白（鸟苷酸结合蛋白）偶联的细胞表面受体。这种受体结合配体后，要先激活相邻的 G 蛋白，被激活的 G 蛋白再激活或抑制一种产生特异第二信使的酶。由于这种受体参与的信号转导作用要与 GTP 结合的调节蛋白相偶联，因此将它称为 G 蛋白偶联受体。

G 蛋白偶联受体是 7 次跨膜受体，即其立体结构中都有 7 个跨膜螺旋，在第 5 个和第 6 个跨膜螺旋上有 G 蛋白的结合位点。

人体有一千多类 G 蛋白偶联受体，G 蛋白偶联受体的调控功能几乎涉及人体的所有生理过程，包括交感（如肾上腺素受体）与副交感（如胆碱能受体）神经调节以控制血压心率等自主神经功能，视觉（如视紫红素）、味觉、嗅觉、行为与情绪控制（如多巴胺受体、5-羟色胺受体），以及免疫系统和炎症反应的调节（如趋化因子受体、组胺受体），等等。如今，临床上 30%～50%的药物都是直接和间接通过 G 蛋白偶联受体发挥作用。例如，从抗组胺药物到治疗胃溃疡药物，再到 β-肾上腺素受体阻断剂、治疗心脏病的普萘洛尔（β-受体阻断剂）、治疗胃溃疡的西米替丁（H2 受体拮抗剂）、治疗过敏的扑尔敏（H1 受体拮抗剂）和治疗精神分裂症的氯氮平（多巴胺受体拮抗剂）等，都是通过 G 蛋白偶联受体发挥生物学活性的。

3. 20 世纪五六十年代，瑞士-美国科学家埃德蒙·费希尔（Edmond H.Fischer） 和埃德温·克雷布斯（Edwin Gerhard Krebs）在研究糖原水解时发现蛋白质的磷酸化修饰是一个可逆过程，并证实在糖原合成过程中调节的可逆磷酸化机制，他们因此被授予 1992 年诺贝尔生理学或医学奖，以表彰他们关于蛋白质可逆磷酸化作为一种生物调节机制的研究。六七十年代，罗德贝尔（Martin Rodbell）和吉尔曼（Alfred Gilman）发现并纯化 G 蛋白，发现其在细胞内信号转导中发挥重要作用；他们也因此分享了 1994 年诺贝尔生理学或医学奖。蛋白质可逆磷酸化修饰和 G 蛋白在细胞内信号转导中起“开关”作用。请问：何谓细胞信号传递中的分子开关（molecular switch）？说明其作用机制。

答：细胞信号转导过程中，含有正、负两种相辅相成的反馈机制，通过结合 GTP 与水解 GTP，或者通过蛋白质磷酸化与去磷酸化而开启或关闭蛋白质的活性。分子开关的蛋白质有两类：①通过磷酸化传递信号的开关蛋白，其活性由蛋白激酶使之磷酸化而开启，由蛋白磷酸酯酶使之去磷酸化而关闭；②通过结合蛋白传递信号的分子开关蛋白，由 GTP 结合蛋白组成，结合 GTP 而活化，结合 GDP 而失活。

4. 比较 cAMP 信号系统与 IP_3-DAG 信号系统在跨膜信号传递作用中的异同。

答：二者都是同 G 蛋白偶联的信号转导系统，但是第二信使不同，分别由不同的效应物生成：cAMP 由腺苷酸环化酶（AC）水解细胞中的 ATP 生成，cAMP 再与蛋白激酶 A（PKA）结合，引发一系列细胞质反应和细胞核中的作用。在另一种信号转导系统中，效应物磷脂酶 Cq（PLC）将膜上的磷脂酰肌醇-4，5-二磷酸分解为两个信使：

二酰甘油（DAG）与 1，4，5-三磷脂酰肌醇（IP_3）。IP_3 动员胞内钙库释放 Ca^{2+}，与钙调蛋白结合引起系列反应；而 DAG 在 Ca^{2+}的协同下激活蛋白激酶 C（PKC），再引起级联反应。

5. 20世纪六七十年代，美国科学家艾尔佛列·古曼·吉尔曼（Alfred Goodman Gilman）和马丁·罗德贝尔（Martin Rodbell）发现G蛋白及其在细胞中转导信息的作用，他们也因此分享了1994年诺贝尔生理学或医学奖。G蛋白可传导和调节细胞中的信号，控制着细胞中基本的生命过程，这种蛋白质如果出现功能紊乱就会导致疾病。请问：霍乱毒素引起腹泻的机制是什么？

答：G 蛋白是由 3 个不同亚基组成的异源三体，三个亚基分别是 α、β、γ，其中 α 亚基具有 GTPase 的活性结构域和 ADP 核糖化位点。霍乱毒素是一种作用于 G 蛋白的毒素，可将 NAD^+上的 ADP-核糖基团转移到 G_S 的 α 亚基，使 G 蛋白核糖化，这样就抑制了 α 亚基的 GTPase 活性，从而抑制了 GTP 的水解，使 G_S 一直处于激活状态。结果使腺苷酸环化酶处于永久活性状态，cAMP 的形成失去控制，引起身体大量脱盐和脱水，Na^+与水分分泌到肠腔，从而导致严重腹泻，如果治疗不及时可最后导致脱水和死亡。

6. 1957 年，美国科学家萨瑟兰 Earl Sutherland 在研究狗肝脏组织中糖原是如何断裂时发现了 cAMP，之后他提出了“第二信使假说”，萨瑟兰也因此获得了 1971 年诺贝尔生理与医学奖。请问：什么叫第二信使？简述 cAMP 信号通路。

答：第二信使（second messenger）是指配体［如激素（第一信使分子）］与细胞表面受体结合后，在细胞内产生或释放到细胞内的小分子物质，如 cAMP、IP_3、Ca^{2+}等，有助于信号向细胞内进行传递。

cAMP 信号通路又称为 PKA 系统（protein kinase A system，PKA），是 G 蛋白偶联系统的一种信号转导途径。其主要效应是激活靶酶和开启基因表达，这是通过蛋白激酶完成的。具体通路为：信号分子作用于膜受体后，激活 G 蛋白，被激活 G 蛋白的 α 亚基与其他两个亚基分离并激活腺苷酸环化酶，活化的腺苷酸环化酶催化 ATP 产生第二信使 cAMP，cAMP 激活蛋白激酶 A 进行信号的放大。活性的蛋白激酶 A 既参与细胞质中的生化反应进行快速的细胞应答；也作用于细胞核中的转录因子，参与基因表达的调控。

7. 试述哺乳动物细胞中由信号分子胰高血糖素或肾上腺素触发糖原分解的信号转导机制。

答：胰高血糖素或肾上腺素同受体结合，通过 G 蛋白激活腺苷酸环化酶，激活的腺苷酸环化酶催化 ATP 生成 cAMP，cAMP 扩散进入细胞质。在细胞质中 cAMP 同蛋白激酶 A 的调节亚基结合，将蛋白激酶 A 激活。在肝细胞中，激活的 PKA 有很多作用底物，包括磷酸化酶激酶和糖原合成酶。糖原合成酶的磷酸化抑制了酶的催化活性，阻止由葡萄糖合成糖原。与此相反，磷酸化酶激酶通过磷酸化激活自身的酶活性，从而催化磷酸化酶的磷酸化（将磷酸基团加到磷酸化酶特异的苏氨酸残基上），被激活的磷酸化酶可将糖原磷酸化而分解成 1-磷酸葡萄糖，最后生成葡萄糖进入血液循环。

8. 简述 PKC 系统（protein kinase C system，PKC system）。

答：这是一细胞信号转导系统，在这一信号转导途径中，膜受体与其相应的第一信使分子结合后，激活膜上的 Gq 蛋白(一种 G 蛋白)，然后由 Gq 蛋白激活磷酸脂酶 C_β(PLC)，将膜上的脂酰肌醇-4，5-二磷酸（PIP_2）分解为两个细胞内的第二信使：二酰甘油（DAG）和 1，4，5-三磷酸肌醇（IP_3）。IP_3 动员细胞内钙库释放 Ca^{2+} 到细胞质中与钙调蛋白结合，随后参与一系列的反应；而 DAG 在 Ca^{2+} 的协同下激活蛋白激酶 C（PKC），然后通过蛋白激酶 C 引起级联反应，进行细胞的应答，故此将该系统称为 PKC 系统。

磷酯酰肌醇信号通路的最大特点是胞外信号被膜受体接受后，同时产生两个胞内信使，分别启动两个信号传递途径，即 IP_3-Ca^{2+} 途径和 DG-PKC 途径，实现细胞对外界信号的应答，因此，PKC 系统又称为“双信使系统”，或称为 IP_3、DAG、Ca^{2+} 信号通路。

9. 20 世纪 80 年代，美国科学家罗伯特·佛奇戈特(Robert F.Furchgott)、路易斯·伊格纳罗（Louis J.Ignarro）和佛里德·默拉德（Ferid Murad）发现硝酸甘油及其他有机硝酸酯通过释放一氧化氮气体而舒张血管平滑肌，从而扩张血管，他们发现了一氧化氮（NO）是心血管调节血压和血流的信号分子，由此他们获得了 1998 年诺贝尔生理学或医学奖。试述 NO 介导心脏或其他部位的血管平滑肌舒张的信号通路及硝酸甘油治疗心绞痛的作用机制。

答：心脏或其他部位的血管内皮细胞产生的 NO，通过细胞膜迅速传递到血管平滑肌细胞，使平滑肌松弛，动脉血管扩张，从而调节血压和血流分布，并防止血栓的形成。具体通路如下：

乙酰胆碱→血管内皮细胞 G 蛋白偶联型受体→激活磷脂酶 C→第二信使 IP_3→胞内 Ca^{2+} 浓度升高→Ca^{2+} 结合钙调蛋白→激活 NO 合酶→催化精氨酸氧化→释放 NO→NO 扩散进入平滑肌细胞→与胞质鸟苷酸环化酶（GC）活性中心的 Fe^{2+} 结合，改变酶的构象，导致酶活性增强→cGMP→活化 PKG→抑制肌动-肌球蛋白复合物信号通路→引起血管平滑肌的舒张→血管扩张、血流通畅。

硝酸甘油治疗心绞痛的作用机制：当动脉粥样硬化时，内皮细胞产生 NO 的能力下降，可用外源性硝酸甘油予以补充。硝酸甘油在体内转化为 NO，可舒张血管，减轻心脏负荷和心肌的需氧量。

10. 试述受体酪氨酸激酶介导的信号通路及主要功能。

答：配体与相应的受体结合导致受体二聚化，并引起胞内结构域的酪氨酸自我磷酸化。磷酸酪氨酸的 SH2 结构域位点同 Grb2 蛋白结合。Grb2 通过两个 SH3 结构域与 Sos 蛋白结合并将 Sos 激活。激活的 Sos 同结合在质膜中的非活性状态的 Ras 作用，促使 Ras 蛋白释放 GDP，结合上 GTP。在此过程中，Grb2 蛋白起连接蛋白的作用，将激活的受体与 Ras 连接起来。激活的 Ras 蛋白激活 MAPKKK（MAP kinase kinase kinase，为 Raf 蛋白，一种丝氨酸/苏氨酸蛋白激酶），MAPKKK 激活 MAPKK（MEK 蛋白激酶），MAPKK 再激活 MAPK（促分裂原活化蛋白激酶）。激活后的 MAPK 进入细胞核内使一些转录因子，如 Fos、Jun、Myc 等磷酸化。磷酸化的转录因子使相关基因转录。此通路可简单表示为：配体→RTK→adaptor←GEF→Ras→MAPKKK（Raf）→MAPKK→MAPK→进入细胞核→使基因调控蛋白（转录因子）磷酸化，促进相关基因表达。

Ras 信号通路与细胞的生长分裂有相当大的关系，并且与细胞的癌变密切相关。其主要功能是调节细胞的增殖与分化，促进细胞存活，以及细胞代谢过程中的调节与校正。

第九章 细胞骨架

一、名词解释

1. 细胞骨架（cytoskeleton）：是指细胞内以蛋白质纤维为主要成分的网络结构，包括微管、微丝和中间纤维，具有为细胞提供结构支架、维持细胞形态，以及负责细胞内物质、细胞器转运和细胞运动等功能。

2. 微丝（microfilament，MF）：又称为肌动蛋白纤维（actin filament），是指真核细胞中由肌动蛋白（actin）组成、直径为 7nm 的骨架纤维。

3. 微管组织中心（microtubule organizing centers，MTOC）：在细胞中微管起始组装的地方，如中心体、基体等部位。γ-微管蛋白对微管的起始组装有重要作用。

4. 肌球蛋白（myosin）：肌球蛋白是一种分子发动机，以肌动蛋白丝作为运行的轨道。肌球蛋白也是 ATPase，通过 ATP 的水解导致构型的变化从而在肌动蛋白丝上移动。

5. 分子发动机（molecular motor）：将细胞内利用 ATP 供能产生推动力，进行细胞内的物质运输或细胞运动的蛋白质分子称为分子发动机或发动机蛋白（motor protein）。至今所发现的分子发动机可分为 3 个不同的家族：肌球蛋白（myosin）家族、驱动蛋白（kinesin）家族和动力蛋白（dynein）家族。

二、填空题

1. 细胞骨架。
2. 细胞松弛素，鬼笔环肽。
3. 微丝，微管。
4. 秋水仙素，紫杉酚。
5. 肌球蛋白，动力蛋白，驱动蛋白，ATP合酶。

三、选择题

1. C；2. C；3. A；4. C；5. D；6. D；7. D

四、问答题

1. 什么是细胞骨架，在细胞内的分布和主要功能是什么？

答：细胞骨架是细胞内以蛋白质纤维为主要成分的网络结构，由主要的三类蛋白纤维构成，包括微管、肌动蛋白纤维和中间纤维。

微管主要分布在核周围，并呈放射状向胞质四周扩散。肌动蛋白纤维主要分布在细胞质膜的内侧。而中间纤维则分布在整个细胞中。

细胞骨架对维持细胞的形态结构及内部结构的有序性，以及在细胞运动、物质运输、能量转换、信息传递和细胞分化等方面起着重要作用。

2. 什么叫分子发动机（molecular motor），分几类，作用如何？

答：将细胞内利用ATP供能产生推动力，进行细胞内的物质运输或细胞运动的蛋白质分子称为分子发动机或发动机蛋白（motor protein）。

至今所发现的分子发动机可分为三个不同的家族，即肌球蛋白（myosin）家族、驱动蛋白（kinesin）家族、动力蛋白（dynein）家族。

肌球蛋白是以肌动蛋白纤维作为运行的轨道，驱动蛋白和动力蛋白是以微管作为运行的轨道。胞质动力蛋白可沿微管由"＋"端向"－"端移动，为膜泡和细胞器的胞内运输和纤毛运动提供动力；胞质动力蛋白同被运输膜泡或细胞器膜上的受体蛋白间接相连，从而识别和结合被运输物，达到选择性运输的目的；驱动蛋白可沿微管由"－"端向"＋"端移动。细胞骨架的发动机分子是机械化学转化器，它将化学能（ATP）转变成机械能，以此运送细胞内的货物。

3. 微管体外组装需要哪些基本条件？GTP在组装中起什么作用？

答：1972年，Richard Weisenberg首次在体外组装微管获得成功。他将脑的匀浆物置于37℃，然后添加Mg^{2+}、GTP和EGTA（EGTA是Ca^{2+}的螯合剂，具有抑制聚合作用）。他发现，只要降低或提高反应温度就可以使微管去组装和重组装。通过体外组装实验，还发现在反应系统中添加微管碎片能够加速微管的组装，加入的微管碎片起着"种子"的作用。根据这一实验，推测微管组装的基本条件是：αβ微管蛋白二聚体、GTP、Mg^{2+}和合适的温度。

聚合过程需要加入GTP，但对于微管的组装来说不需要GTP水解成GDP。实验中发现，αβ微管蛋白二聚体加入到微管之后不久所结合的GTP就被水解成GDP。推测GTP的作用有两个：一是αβ微管蛋白二聚体与GTP结合之后才能作为微管组装的构件；二是通过GTP水解使微管去组装，保持微管的动态性质。

第十章 细胞核与染色体

一、名词解释

1. 基因组（genome）：每种生物的全部遗传信息，相当于该物种单倍染色体组所有的DNA。

2. 核孔复合体（nuclear pore complex，NPC）：镶嵌在内外核膜上的篮状复合体结构，主要由胞质环、核质环、核篮等结构域组成，是物质进出细胞核的通道。

3. 核型（karyotype）：染色体组在有丝分裂中期的表型，是染色体数目、大小、形态特征的总和。

4. 端粒（telomere）：在染色体的末端像帽子一样的特殊结构，含重复序列，对染色体结构稳定、末端复制等有重要作用。

5. 端粒酶（telomerase）：含有RNA的反转录酶，能以自身RNA为模板，对DNA

端粒序列进行延长而解决线性染色体末端复制问题。

6. 着丝粒（centromere）：将姐妹染色单体连接在一起形成有丝分裂染色体的主缢痕部位，着丝粒也是动粒形成及微管与动粒结合的区域。

7. Ran：存在于细胞质基质和细胞核的单体G蛋白，在大分子物质进出细胞核的主动转运过程中发挥作用。

8. 核定位序列（信号）（NLS）：亲核蛋白中含有的具“定向”、“定位”功能的特殊的短氨基酸序列，帮助核蛋白进入细胞核的一种富含碱性氨基酸的信号肽，可存在于亲核蛋白的不同部位，最终不被切除。

二、填空题

1. 细胞核，遗传与代谢。
2. 单一序列，中度重复序列，高度重复序列。
3. 活性染色质，非活性染色质。
4. 核定位信号（NLS）（核定位序列），小GTP结合蛋白。
5. 胞质环，核质环，辐，中央栓。

三、选择题

1. D；2. B；3. D；4. B；5. D；6. C；7. B；8. C；9. A

四、问答题

1. 为什么说细胞核或核被膜的出现是细胞进化过程中的一大进步？

答：细胞核的出现是生物进化史上重要的发展阶段。真核生物与原核生物最主要的区别是前者有核被膜把胞质和核质分开，形成完整的细胞核。原核生物无核被膜，但有团状的含有遗传物质的核区，其DNA复制、RNA转录、蛋白质翻译都是在同一区域内进行。而真核生物的DNA复制、RNA转录在核内进行，生成的RNA被转运到胞质中进行蛋白质合成。这样就使RNA转录和蛋白质合成从时间和空间上分隔开，互不干扰。这是生物长期演化过程中的一大进步。

2. 核孔复合体的主动运输具有严格的双向选择性，这种选择性表现在哪些方面？

答：其主动运输的选择性表现在以下三个方面：①在主动运输时核孔复合体的直径大小是可被调节的，像核糖体亚单位那样大的RNP颗粒也可以通过核孔复合体从核内运输到细胞质中；②通过核孔复合体的主动运输是一个信号识别与载体介导的过程，需要消耗ATP能量，并表现出饱和动力学特征；③通过核孔复合体的主动运输具有双向性，即核输入与核输出，它既能把复制、转录、染色体构建和核糖体亚单位装配等所需要的各种因子等运输到核内，同时又能将翻译所需的RNA、装配好的核糖体亚单位从核内运送到细胞质。

3. 根据对核蛋白运输机制的研究及相关蛋白质的发现，提出了核蛋白的运输模型（习题图2），请对这一模型作出文字说明。

答：按照这一推测的模型，在细胞质中带有NLS片段的蛋白质与受体importinα/β

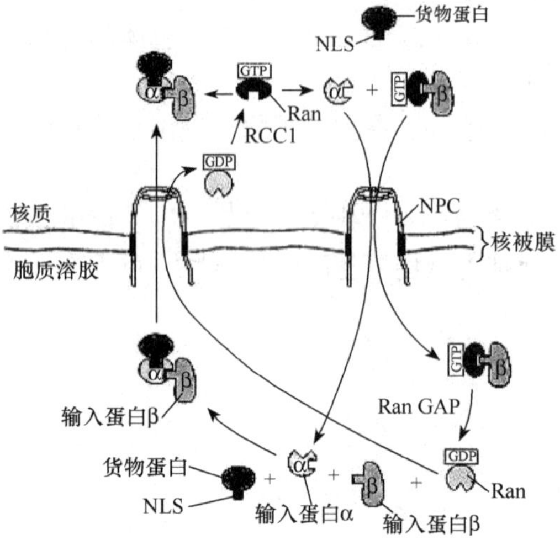

习题图 2 含有 NLS 信号的核蛋白从细胞质输入细胞核的推测模型

相互作用形成一个运输复合物，其中运输蛋白 α 亚基识别并与 NLS 结合，运输蛋白 β 亚基与核孔复合物作用，将复合物转运到细胞核中，在此过程中需要消耗 ATP。在细胞核中，Ran GTP 与输入蛋白 β 亚基相互作用，导致货物蛋白与复合物脱离，成为细胞核中的游离蛋白。为了进行下一个运输循环，输入蛋白 α 亚基、输入蛋白 β 亚基和 Ran GTP 复合物重新回到细胞质；细胞质中的 Ran GTP 激活蛋白（Ran GAP）将 Ran GTP 转变成 Ran GDP，并使 Ran GDP 与输入蛋白 β 亚基脱离，游离的输入蛋白 β 亚基和 α 亚基共同参与新的具有 NLS 信号的入核蛋白的运输。而 Ran GDP 可通过核孔复合物回到细胞核中，在 Ran 核苷交换因子 1（RCC1）的作用下，释放 GDP，重新结合 GTP。

4. 什么叫核小体（nucleosome）？简述核小体结构要点的实验证据。

答：核小体是构成染色质的基本结构单位，每个核小体由组蛋白八聚体核心及 200bp 左右的 DNA 和一分子组蛋白 H1 组成。

结构要点：

（1）每个核小体包括 200bp 左右的 DNA 和一个组蛋白八聚体及一个分子 H1；

（2）组蛋白八聚体构成核小体的盘状核心结构；

（3）146bp 的 DNA 分子盘绕组蛋白八聚体 1.75 圈，组蛋白 H1 在核心颗粒外结合额外 20bp DNA，锁住核小体 DNA 的进出端，起稳定核小体的作用。

（4）两个相邻核小体之间以连接 DNA 相连，典型长度为 60bp。

主要实验证据：

（1）电子显微镜观察观察到未经处理的染色质自然结构为 30nm 的纤丝，经盐溶液处理后解聚的染色质呈现 10nm 串珠状结构；

（2）用非特异性微球菌核酸酶消化染色质，部分酶解片段分析结果；

（3）应用 X 射线衍射、中子散射和电子显微镜三维重建技术研究，发现核小体颗粒是直径为 11nm、高为 6.0nm 的扁圆柱体，具有二分对称性，核心组蛋白的构成是先形成（H3）2·（H4）2 四聚体，然后再与两个 H2A·H2B 异二聚体结合形成八聚体；

（4）SV40 微小染色体（minichromosome）分析与电子显微镜观察。

5. 什么叫染色质（chromatin）？有哪些类型？什么叫染色体（chromosome）？染色质和染色体有什么区别和联系？

答：染色质是指间期细胞核内由 DNA、组蛋白、非组蛋白及少量 RNA 组成的线性复合结构，是间期细胞遗传物质存在的形式。染色质包括常染色质和异染色质。异染色质又包括结构异染色质（或组成型异染色质）和兼性异染色质。

染色体是指细胞在有丝分裂或减数分裂过程中，由染色质聚缩而成的棒状结构。

染色质与染色体具有基本相同的化学组成，但包装程度不同，构象不同；它们是在细胞周期不同阶段可以相互转变的形态结构。

6. 染色体应具有的关键序列有哪些？它们在染色体的结构和功能中担当着什么样的角色？

答：染色体有 3 个关键序列：自主复制 DNA 序列、着丝粒 DNA 序列和端粒 DNA 序列。

功能：自主复制 DNA 序列具有一个复制起点，确保染色体在细胞周期中能够自我复制，从而保证染色体在世代传递中具有稳定性和连续性。着丝粒 DNA 序列与染色体的分离有关。端粒 DNA 序列是保证 DNA 链的完整复制，从而保证染色体的独立性和遗传稳定性。

7. 什么叫核仁？简述核仁的超微结构及其功能。

答：核仁是细胞核内 rRNA 转录及加工产生核糖体亚基的结构。其超微结构由纤维中心、致密纤维组分、颗粒和基质 4 部分组成，它是一种动态结构。核仁的主要功能是核糖体的生物发生，包括 rRNA 的合成、加工和核糖体亚单位的装配，也在一定程度上控制蛋白质的合成速率。

8. 非组蛋白的特点和功能主要表现在哪些方面？

答：非组蛋白的特点：①具有多样性，不同组织细胞中非组蛋白的种类和数量都不同，代谢周转快；②识别 DNA 具有特异性，能够形成与 DNA 结合的螺旋区并具有蛋白二聚化的能力；③具有功能多样性，包括基因表达的调控和染色质高级结构的形成等，如帮助 DNA 分子折叠，以形成不同的结构域；协助启动 DNA 复制，控制基因转录，调节基因的表达。

9. 核纤层和核骨架有什么联系，它们的作用是什么？

答：核骨架又称为核基质，是由 10 多种非组蛋白和少量 RNA 组成的网络状结构，它的功能有：①维持细胞核的形态；②为 DNA、染色质在核中的空间排列提供支附；③与 DNA 复制、转录，以及核内大分子物质加工、运输等功能有关。核骨架的最外侧与核纤层相连，核纤层再与核内膜相连，推测它与物质运输进出核有关。

10. 简述真核细胞中核糖体的生物发生。

答：核糖体的生物发生包括蛋白质和 rRNA 的合成、核糖体亚基的组装等。真核生物核糖体亚基在核仁中装配。具体过程如下：

核糖体装配有关的蛋白质的合成：这些蛋白质包括核糖体结构蛋白和与前体 rRNA 加工有关的酶。它们都是在细胞质的游离核糖体上合成，然后迅速集中到细胞核并在核仁区参与核糖体亚基的装配。

核糖体 RNA 的合成：位于核仁纤维中心区的 rRNA 基因在 RNA 聚合酶 I 的作用下，首先转录出一段沉降系数为 45S 的 pre-RNA，该 rRNA 在核仁内被降解加工成 18S rRNA、28S rRNA、5.8S rRNA 三种片段。位于核仁外的 5S rRNA 基因在 RNA 聚合酶 III 的作用下转录成 5S rRNA，进入核仁。

装配过程：核仁内产生的 28S rRNA、5.8S rRNA 和来自核仁外的 5S rRNA 与来自细胞质的核糖体蛋白一起装配成核糖体大亚单位。核仁内产生的 18S rRNA 则与来自细胞质的另一组核糖体蛋白一起，装配成核糖体小亚单位，然后运送到细胞质中。如果这时有 mRNA 同小亚基结合，大亚基即可结合上去形成完整的核糖体，并进行蛋白质的合成。

第十一章 核 糖 体

一、名词解释

1. 核糖体（ribosome）：核糖体是细胞内一种核糖核蛋白颗粒，其唯一功能是按照 mRNA 的指令将氨基酸合成蛋白质多肽链。

2. 多聚核糖体（polyribosome，polysome）：由多个甚至几十个核糖体串联在一条 mRNA 分子上进行肽链合成的核糖体与 mRNA 的聚合体。

二、填空题

1. 核糖体。
2. 核糖体三位结构和作用机制。
3. mRNA结合位点，A，P，E。
4. 5′端的SD序列，16S rRNA，mRNA 5′端甲基化帽子结构，小亚基。
5. rRNA。
6. 28S 5.8S 5S。

三、选择题

1. D；2. C；3. C；4. B；5. A；6. A；7. C；8. A

四、问答题

1. 细胞内以多聚核糖体的形式合成蛋白质有什么生物学意义？

答：同一条 mRNA 被多个核糖体同时翻译成蛋白质，大大提高了蛋白质合成的速率，更重要的是减轻了细胞核的负荷，减少了基因的拷贝数，也减轻了细胞核进行基因转录和加工的压力。

2. 核糖体是细胞内合成蛋白质的地方，在这里将 DNA 信息蓝图转变为生命。英国生物学家万卡特拉曼 · 拉玛克里斯南（Venkatraman Ramakrishnan）、美国科学家托马斯 · 斯泰茨（Thomas A.Steitz）和以色列女生物学家约纳什（Ada E.Yonath）用 X 线晶体学展示了核糖体的结构，以及它们是怎样在原子水平上发挥作用的，为抗生素的开发提供了新的靶位。三位科学家因此获得 2009 年诺贝尔化学奖。请问：已知核糖体上有哪些活性部位？它们在多肽合成中各起什么作用？

答：核糖体上有的活性部位及其作用如下：

（1）与 mRNA 的结合位点；

（2）与新掺入的氨酰-tRNA 的结合位点——氨酰基位点，又称为 A 位点；

（3）与延伸中的肽酰-tRNA 的结合位点——肽酰基位点，又称为 P 位点；

（4）肽酰转移后与即将释放的 tRNA 的结合位点——E 位点（exit site）；

（5）与肽酰-tRNA 从 A 位点转移到 P 位点有关的转移酶（延伸因子 EF-G）的结合位点；

（6）肽酰转移酶的催化位点；

（7）与蛋白质合成有关的其他起始因子、延伸因子和终止因子的结合位点。

3. 核酶是如何被发现的？这一发现有什么意义？

答：1981 年，Thomas Cech 和他的同事在研究四膜虫的 26S rRNA 前体加工去除基因内含子时获得一个惊奇的发现：内含子的切除反应发生在仅含有核苷酸和纯化的 26S rRNA 前体而不含有任何蛋白质催化剂的溶液中，可能的解释只能是内含子切除是由 26S rRNA 前体自身催化的，而不是蛋白质。1983 年，Altman 在大肠杆菌中证明 RNA 具有催化作用。他们的发现打破了酶只能是蛋白质的传统观念，也因此获得 1989 年诺贝尔化学奖。

这一发现在生命起源与进化中具有重要意义，它进一步证实在“DNA 与蛋白质世界”前，可能是一个“RNA 世界”；核酶的发现也为临床的基因治疗提供了一种手段，具有重要的应用前景。

第十二章　细胞增殖及其调控

一、名词解释

1. 细胞周期（cell cycle，cell division cycle）：一次细胞分裂结束到下一次分裂完成之间的有序过程。其间细胞遗传物质和其他内含物分配给子细胞。

2. 促成熟因子（MPF）：早期称为 M 期促进因子，后来称为促成熟因子，是指 M 期细胞中存在的促进细胞分裂的因子。

3. CDK 蛋白：全称为周期蛋白依赖性蛋白激酶（cyclin-dependent protein kinases），CDK 是催化亚基；CDK 在细胞周期的不同阶段与不同的周期蛋白结合而活化、使底物磷酸化，引发周期事件。

4. 动粒（kinetochore）：位于着丝粒外表面、由蛋白质形成的结构，是纺锤体微管的附着位点。

5. 联会复合体（synaptonemal complex，SC）：减数分裂前期 I 染色体配对时，同源染色体之间形成的一种复合结构，既有利于同源染色体间的基因重组，也有利于同源染色体的分离。

6. 后期促进复合体（anaphase promoting complex，APC）：泛素连接酶，通过泛素依赖性蛋白降解途径，降解参与姐妹染色单体分离的蛋白质，使细胞从中期向后期转换。

7. 泛素（ubiquitin）：真核细胞中高度保守的小分子蛋白质，与要降解的蛋白质的赖氨酸残基共价连接，指导蛋白质在蛋白酶体中进行降解。

8. 蛋白酶体（proteasome）：在细胞质基质中降解被泛素标记的蛋白质的大分子蛋白复合体。

9. 泛素依赖性降解途径（ubiquitin dependent pathway）：在 E1、E2、E3 三种酶的催化下，通过一系列级联反应将泛素连接到靶蛋白上，最后由 26S 蛋白酶体特异性识别被泛素化的底物并将其降解，同时释放出泛素单体以备循环利用。

10. *cdc* 基因：是指与细胞周期过程直接有关的基因，此类基因的有序表达才使得细胞周期运转。

二、填空题

1. G_1期，S期，G_2期，M期。
2. 连续分裂细胞，休眠细胞（G_0细胞），终末分化细胞。
3. 星体微管，动粒微管，极性微管。
4. 周期蛋白，CDK蛋白。
5. G_2期，M期。
6. 泛素。
7. 细胞周期蛋白，细胞周期蛋白依赖的蛋白激酶。
8. R 点，G_1/S，G_2/M，中期/后期。

三、选择题

1. D；2. A；3. B；4. A；5. B；6. C

四、问答题

1. 什么是细胞周期？周期各时相主要的生化事件和功能各是什么？

答案要点：G_1 期（DNA 合成前期）：G_1 期长短不一，是细胞生长的主要阶段，细胞内合成大量的 RNA 和蛋白质。其中限制点（R 点）控制细胞增殖活动进程，是细胞增殖与否的转折点。

S 期（DNA 合成期）：是 DNA 进行复制的阶段，体细胞的 DNA 含量增加 1 倍。此外，细胞质中合成各种组蛋白进入细胞核，与 DNA 组装成核小体。

G_2 期（DNA 合成后期）：复制因子（RF）失活，有丝分裂促进因子（MPF）活化，相关蛋白质合成，为进入 M 期作准备。

M 期（有丝分裂期）：可划分为前期、中期、后期、末期 4 个阶段，包括染色质组装成染色体、有丝分裂器和收缩环的形成、核被膜和核仁的消失和重建。

2. 用“DNA 复制执照因子学说”解释为什么每个细胞周期中 DNA 只复制一次？

答：DNA 复制执照因子学说是 20 世纪 80 年代末由 Ju-lian Blow 等通过实验提出的，意思是在细胞质中存在一种执照因子，对细胞核染色质 DNA 复制发行“执照”。在 M 期，细胞核膜破裂，胞质中的执照因子（主要成分是 Mcm 蛋白）与染色质接触并与之结合，使后者获得 DNA 复制所必需的执照。细胞通过 G_1 期后进入 S 期，DNA 开始复制。随着 DNA 复制的进行，执照信号不断减弱直至消失。到达 G_2 期，细胞核中不再含有执照信号，DNA 复制结束也就不再起始了；这样确保每个细胞周期中 DNA 只复制一次。

3. 细胞通过什么机制将染色体排列在赤道板上？有何生物学意义？

答：在有丝分裂前期，随着纺锤体的形成，一些微管迅速捕获染色体，并与染色体一侧的动粒结合，形成动粒微管。而另一侧的动粒也与另一极星体发出的微管迅速结合。近期的研究发现，Mad2 蛋白和 Bub 蛋白可以使动粒敏化，促使微管与动粒接触。当染色体的两个动粒都与纺锤体微管结合后，前期纺锤体的装配才算完成。此时 Mad2 蛋白和 Bub 蛋白从动粒上消失，后期开始启动。至于染色体排列到赤道板上的机制，目前流行两种假说，即牵拉假说和外推假说。牵拉假说认为，染色体向赤道板方向运动，是由于动力微管牵拉的结果。动粒微管越长，拉力越大，当来自两极的动力微管的拉力相等时，染色体即被稳定在赤道板上。外推假说认为，染色体向赤道板方向移动，是由于星体的排斥力将染色体外推的结果。染色体距离中心越近，星体对染色体的外推力越强，当来自两极的推力达到平衡时，染色体即被稳定在赤道板上。这两种假说并不相互排斥，有时可能同时作用，或有其他机制共同参与，最终将染色体排列在赤道板上。

染色体与微管连接并移动到赤道板具有重要意义，它是启动染色单体分离并向两个子细胞中平均分配的先决条件。染色体列队不整齐，细胞不能从分裂中期向后期转化，两条染色单体也不能相互分离。个别情况，细胞分裂虽然可以继续进行，但常常导致染色体不能平均分配，最终导致细胞死亡。

4. 20 世纪 70 年代初，美国的利兰·哈特韦尔（Leland H.Hartwell）用芽殖酵母菌研究，发现了“START”等大量控制细胞周期的基因；英国保罗·纳斯（Paul Nurse）等以裂殖酵母为实验材料，发现了调节细胞周期的一种关键物质细胞周期蛋白依赖激酶（CDK），CDK 是通过对其他蛋白质的化学作用来驱动细胞周期的；1983 年英国的提莫西·亨特（Timothy Hunt）以海胆卵为实验材料，发现了调节 CDK 功能的物质细胞周期蛋白（CYCLIN）。三位科学家因此获得 2001 年度诺贝尔生理学与医学奖。请问：细胞周期控制系统的核心物质是什么？以真核生物的 G_2/M 期的转换为例说明它是如何推动细胞周期运行的？

答：控制系统的核心物质是 CDK-细胞周期蛋白复合物；该复合物是蛋白激酶，CDK 是催化亚基，细胞周期蛋白是调节亚基；CDK 在细胞周期的不同阶段与不同的周期蛋白结合而活化，使特定的底物磷酸化，从而引发相应的周期事件，推动细胞沿周期运行。

真核生物的 G_2/M 期的转换实际上就是 MPF 的完全激活。$P34^{cdc2}$ 与周期蛋白 B 结合，形成的是无活性的 MPF。然后在激酶 Weel 和 mikl 的作用下，将 $P34^{cdc2}$ 的 Tyr15 和 Thr167 磷酸化，形成的是无活性的前 MPF，然后在 Cdc25 磷酸酶的作用下，将 Tyr15 位的磷酸脱去，形成活性 MPF，使一系列的底物发生磷酸化，其中包括组蛋白 H1，核纤层蛋白 A、B、C，核仁蛋白，$P60^{csrc}$，C-abl，等等。组蛋白 H1 磷酸化，促进染色体凝集；核纤层蛋白磷酸化，促进核纤层解体，核膜破裂；核仁蛋白磷酸化，核仁解体；$P60^{csrc}$ 蛋白磷酸化，促使细胞骨架重排；C-abl 蛋白磷酸化，促使调整细胞形态；等等，进入 M 期。由此来看，Tyr15 位的磷酸化起抑制作用，Thr167 位的磷酸化起激活作用。

5. 什么叫关卡（checkpoint）？它位于细胞周期的哪个阶段？每次主要“监测”

什么？

答：严格地监视着细胞周期事件的发生、发展过程是否严格按程序进行的控制点称为关卡。

在典型的细胞周期控制系统中至少有三个关卡：G_1关卡靠近G_1末期、G_2关卡在G_2期结束点、中期关卡在中期末。在每一个关卡，由细胞所处的状态和环境决定细胞能否通过此关卡，进入下一个阶段。

G_1关卡：在酵母中称为 start 点，在哺乳动物中称为 R 点（restriction point），主要是监测细胞的大小和环境状态，如果条件合适，就会激发 DNA 复制，使控制系统向前移动。

如果细胞被阻止在G_1期，可能会产生两种结果：一种是暂时停止生长，使G_1期延长，直到条件合适时再通过。另一种是，使细胞进入G_0期，处于暂时休眠状态。

G_2关卡：主要是监测细胞的大小、细胞所处的状态，以及细胞内 DNA 是否复制完毕，如果这些条件合适，就会进入有丝分裂。

中期关卡：主要是监测所有的染色体是否都与纺锤体相连？是否都排列在赤道板上？MPF 是否失活了？否则不能进行有丝分裂和胞质分裂。

6. 简述近十年细胞周期调控研究中的两大进展。

答：DNA复制起始调控是近十年细胞周期调控研究中的一大进展。DNA复制的起始并不仅仅是在G_1期末的起始点（限制点）处才决定的。早在G_1期开始时，许多与DNA复制有关的物质即已表达并与染色质结合，开始了DNA复制的起始调控。目前已经知道，Orc、Cdc6、Cdc45、Mcm等蛋白质参与了DNA复制的起始调控过程。这一调控过程也需要某些CDK激酶参与，尤其是周期蛋白E-CDK2。

分裂后期促进因子（APC）的发现是细胞周期研究领域中又一重大进展。Cdc20 和 Mad2 蛋白位于动粒上，在染色体结合有丝分裂纺锤体前将不能从动粒上释放，由于 Mad2 与 Cdc20 结合而抑制 APC 的活性。所以只有所有染色体都与纺锤体结合后，APC 才有活性，才启动细胞向后期转换。在纺锤体装配完成后，动粒全部被动粒微管捕获，Mad2 从动粒上消失，对 Cdc20 的抑制作用被解除，促使 APC 活化。APC 活化后主要介导两类蛋白质降解：Anaphase Inhibitor 和 Mitotic Cyclin。前者维持姐妹染色单体粘连，抑制后期启动（cohesin），它们的降解可使染色单体分离和启动后期；后者如周期蛋白 B，即降解 M 期周期蛋白，使 MPF 活性丧失，细胞由中期向后期转化，姐妹染色单体分离，并向两极移动。

7. 20 世纪七八十年代，两名以色列科学家阿龙・切哈诺沃（Aaron Ciechanover）、阿夫拉姆・赫什科（Avram Hershko）和一位美国科学家欧文・罗斯（Irwin Rose）发现了蛋白质分子的降解现象，揭示了泛素介导的蛋白质降解机制，他们因此获得 2004 年度诺贝尔化学奖。什么叫泛素（ubiquitin）？泛素如何介导周期蛋白的降解？

答：泛素是一种含 76 个氨基酸多肽的存在于所有真核生物中的小蛋白质，具有标记待降解蛋白质的作用，被泛素标记的蛋白质在蛋白酶体中被降解。

具体过程：泛素加到周期蛋白上需要 3 种不同的酶介导。首先，E1（泛素激活酶）水解 ATP 获取能量，通过其活性位置的半胱氨酸残基与泛素的羧基末端形成高能硫酯键而激活泛素，然后 E1 将泛素交给 E2（泛素结合酶），最后在 E3（泛素连接酶）的作用下将泛素转移到靶蛋白的赖氨酸残基，在那里进行泛素的聚合化，最后作为蛋白酶体的降解底物被快速降解。触发有丝分裂周期蛋白泛素聚合化的 E3 又称为后期促进复合物（anaphase-promoting complex，APC）。M 期进入下一个时期时需要周期蛋白 B 的降解，当 MPF 活性达到最高时，通过泛素连接酶 E3（激活的后期促进因子 APC）催化泛素与周期蛋白 B 的破坏框结合，周期蛋白 B 随之被 26S 蛋白酶体水解。

8. 2015 年的诺贝尔化学奖授予瑞典的托马斯·林道尔（Tomas Lindahl）、美国的保罗·莫德里奇（Paul Modrich）及土耳其的阿奇兹·桑卡（Aziz Sancar）三位科学家，因为他们从分子水平上揭示了细胞是如何修复损伤的 DNA 及保护遗传信息的。DNA 损伤修复出现问题都会导致疾病，如癌症的产生。请问：什么叫 P53 蛋白？简要说明 P53 蛋白如何获知 DNA 损伤信号并导致修复？

答：*p53* 基因为人体抑癌基因。该基因编码一种分子质量为 53kDa 的蛋白质，命名为 P53。P53 蛋白主要集中于核仁区，能与 DNA 特异结合，其活性受磷酸化调控。

P53 的生物功能好似“基因组卫士”（guardian of the genome），在 G_1 期检查 DNA 损伤点，监视基因组的完整性。如果有损伤，P53 蛋白的浓度升高，从而激活 *p21* 基因和 *bax* 基因的表达，使细胞停止分裂进行修复或使细胞进入程序性死亡。如果修复失败，P53 蛋白则引发细胞凋亡；如果 *p53* 基因的两个拷贝都发生了突变，就会对细胞的增殖失去控制，导致细胞癌变。

第十三章 程序性细胞死亡与细胞衰老

一、名词解释

1. 细胞凋亡（apoptosis）：细胞凋亡是一个主动的由基因决定的自动结束生命的过程，所以也常被称为细胞编程死亡（programmed cell death，PCD），凋亡细胞将被吞噬细胞吞噬。细胞凋亡对于多细胞生物个体发育的正常进行、自稳平衡的保持及抵御外界各种因素的干扰方面都起着非常关键的作用。

2. Hayflick 界限（Hayflick limit）：正常体外培养的细胞寿命不是无限的，而只能进行有限次数（约 50 次）的增殖，由美国生物学家 Leonard Hayflick 提出。

3. 凋亡复合体（apoptosome）：凋亡分子 Apaf-1 与细胞色素 c 形成的复合体，相对分子质量为（700×10^3～1400×10^3），细胞质中 Caspase-9 的前体被招募到复合体上并发生自身切割活化，引起细胞凋亡。

4. 凋亡小体（apoptotic body）：细胞凋亡过程中断裂的 DNA 或染色质与细胞其他内含物一起被反折的细胞质膜包裹，形成的圆形小体。凋亡小体被邻近细胞识别并吞噬。

5. 细胞坏死（necrosis）：细胞受到意外损伤，如极端的物理、化学因素或严重的病理性刺激而发生的细胞被动死亡形式。细胞坏死时，细胞内含物释放到细胞外，引起周围区域的炎症反应。

6. 肿瘤坏死因子（tumor necrosis factor，TNF）：具有多种生物学效应的细胞因子家族。由激活的单核-巨噬细胞分泌，能够通过与死亡配体结合诱导细胞凋亡，还可诱发炎症反应。

7. Apaf-1（apoptosis protease activating factor）：线虫凋亡分子 Ced-4 在哺乳动物细胞中的同源蛋白与细胞色素 c 结合后发生自身聚合，形成凋亡复合体，招募 Caspase-9 的前体并使之活化，引起细胞凋亡。

8. Bcl-2（B cell lymphoma gene 2）：其基因编码的产物是线虫抗凋亡蛋白 Ced-9 在哺乳动物细胞中的同源物。该家族成员含有一个或多个 BH（Bcl-2 hghomology）结构域，大多定位在线粒体膜上，或受信号刺激后转移到线粒体膜上，调控线粒体外膜通透性，促进或抑制细胞凋亡。

9. Caspase 家族（cysteine aspartic acid specific protease）：一组结构类似、与细胞凋亡有关的蛋白酶家族，其活性位点包括半胱氨酸，特异地裂解靶蛋白天冬氨酸残基后的肽键，负责选择性地裂解蛋白质，使靶蛋白失活或活化。

二、填空题

1. 凋亡的起始，凋亡小体的形成，凋亡小体被吞噬。

2. 减少，细胞凋亡。

3. 内切核酸酶，DNA，连接，核小体单位，琼脂糖凝胶，DNA 梯度条纹，180～200bp。

三、选择题

1. C；2. B；3. B；4. D；5. D；6. D；7. A

四、问答题

1. 端粒被科学家称为“生命时钟”；因为细胞每分裂一次，端粒就缩短一次，当端粒不能再缩短时，细胞就无法继续分裂而衰老死亡。2009 年诺贝尔生理学或医学奖授予美国的伊丽莎白·布莱克本（Elizabeth Blackburn）、卡罗尔-格雷德（Carol Greider）和杰克·绍斯塔克（Jack Szostak），以表彰他们发现了端粒和端粒酶保护染色体的机制。请问：什么叫细胞衰老（cellular aging 或 cell senescence）？简述细胞衰老的端粒假说。

答：细胞衰老是机体在退化时期生理功能下降和紊乱的综合表现，是不可逆的生命过程。

Harley 于 1990 年提出细胞衰老端粒假说。他认为由于端粒酶的存在，生殖细胞的端粒相当稳定，不会衰老。高度分化的体细胞由于端粒酶活性处于抑制状态，细胞分裂时 DNA 不完全复制而引起端粒 DNA 的少量丢失，不能靠端粒酶补偿，所以随着细胞分裂次数的增加，端粒不断缩短。由于端粒的缩短，靠近染色体两端的基因就有可能随端粒的缩短而缺失，引发染色体畸变，使突变发生。当端粒缩短到一定程度（临界长度）时引发了 Hayflick 极限，细胞不再分裂。

近年来的研究发现，端粒影响衰老，但并非唯一的因素，仅仅是其中之一。

2. 比较细胞凋亡与坏死。

答：二者的主要区别是，细胞凋亡过程中，细胞质膜反折，包裹断裂的染色质片段或细胞器，然后逐渐分离，形成众多的凋亡小体（apoptotic body），凋亡小体则为邻近的细胞所吞噬。整个过程中，细胞质膜的整合性保持良好，死亡细胞的内容物不会逸散到胞外环境中，因而不引发炎症反应。相反，在细胞坏死时，细胞质膜发生渗漏，细胞内容物，包括膨大和破碎的细胞器及染色质片段释放到细胞外，导致炎症反应。

3. 简述细胞凋亡的形态学特征。

答：凋亡的起始：细胞表面的特化结构，如微绒毛消失，细胞间接触消失，但质膜依然完整；线粒体大体完整，但核糖体逐渐从内质网上脱离，内质网囊腔膨胀，并逐渐与质膜融合；染色质固缩，形成新月形帽状结构等形态，沿着核膜分布。

凋亡小体的形成：核染色质断裂为大小不等的片段，与某些细胞器，如线粒体一起聚集，为反折的细胞质膜所包围。细胞表面产生了许多泡状或芽状突起，逐渐形成单个的凋亡小体。

凋亡小体逐渐被邻近的细胞吞噬并消化。

4. 细胞凋亡的生化特征有哪些？

答：细胞凋亡的生化特征：细胞凋亡最主要的生化特征是由于内源性的内部核酸酶活化，DNA 被随机地在核小体的连接部位打断，DNA 发生核小体间的断裂，结果产生含有不同数量核小体单位的片段，在进行琼脂糖凝胶电泳时，形成了特征性的 DNA 梯状条带（DNA ladder），其大小为 180～200bp 的整数倍。凋亡细胞的另一个重要特征是组织转谷氨酰胺酶（tissue transglutaminase，tTG）的积累并达到较高的水平。

5. 20 世纪 60 年代，英国科学家布伦纳（Sydney Brenner）建立了线虫研究模型，可以把不同突变与特定基因和对器官发育的特定效应相关联；70 年代，英国科学家约翰·E·苏尔斯顿（John E.Sulston）花了 10 年的时间在显微镜下观察线虫的发育，发现了线虫从受精卵到成虫有 1090 个细胞诞生、131 个细胞死亡，他还组织测序完成了线虫基因组；80 年代，美国科学家 H·罗伯特·霍维兹（H.Robert Horvitz）从线虫中把与细胞凋亡直接相关的基因调了出来，即 *Ced-3*、*Ced-4* 和 *Ced-9*，并指出这些基因在哺乳动物中有普遍意义；他们因此获得 2002 年诺贝尔生理学或医学奖。试述细胞凋亡外源途径和内源途径的分子调控机制。

答：胞外信号分子诱导的细胞凋亡途径（外源途径）：当细胞接受凋亡信号分子（Fas、TNF 等）后，凋亡细胞表面信号分子受体相互聚集并与细胞内的衔接蛋白（adaptor protein）结合，这些衔接蛋白又募集 Pro-caspases 聚集在受体部位，Procaspase 相互活化并产生级联反应，使细胞凋亡。下游 Caspase 活化后作用于底物：裂解核纤层蛋白，导致细胞核形成凋亡小体；裂解 DNase 结合蛋白，使 DNase 释放，降解 DNA 形成 DNA Ladder；裂解参与细胞连接或附着的骨架和其他蛋白质，使凋亡细胞皱缩、脱落，便于细胞吞噬；导致膜脂 PS 重排，便于吞噬细胞识别并吞噬。

线粒体与细胞凋亡（内源途径）：当 Caspase-8 活化后，它一方面作用于 Pro-caspase-3；另一方面使 Bid 裂解成 2 个片段，其中含 BH3 结构域的 C 端片段被运送到线粒体，与 Bcl-2/Bax 的 BH3 结构域形成复合物，导致细胞色素 c 释放。细胞色素 c 与胞质中 Ced-4 的同源物 Apaf-1［凋亡蛋白酶活化因子（apoptosis protease activating factor）］结合并活化 Apaf-1，活化的 Apaf-1 再活化 Pro-caspase9，最后引起细胞凋亡。

第十四章 细胞分化与癌细胞

一、名词解释

1. 细胞分化（cell differentiation）：细胞在形态、结构和功能上产生稳定性差异的过程。

2. 细胞的全能性（totipotency）：是指细胞经分裂和分化后仍具有产生完整有机体的潜能或特性。

3. 基因差次表达（differential expression）：又称为基因顺序表达（sequential expression），是决定细胞特殊性状的基因按一定顺序相继活化表达的现象。

4. 干细胞（stem cell）：分化程度相对较低、具有不断增殖和分化能力的细胞。

5. 原癌基因（proto-oncogene）：是细胞的正常基因，它们编码的蛋白质参与细胞的生长与分裂的调节。

6. 肿瘤抑制基因（tumor suppressor gene）：又称为抑癌基因，是正常细胞增殖过程中的负调控因子，它们编码的蛋白质抑制细胞生长，并阻止细胞癌变。

二、填空题

1. 特异性蛋白质。
2. 管家基因，奢侈基因。
3. 转录水平的调控，加工水平的调控，翻译水平的调控。
4. 体细胞核，细胞质。

三、选择题

1. A；2. A；3. D；4. B；5. C；6. A；7. B；8. A；9. A；10. C

四、问答题

1. 什么是基因的差别表达（differential expression）？在细胞分化中有什么作用？

答：分化的细胞虽然保留了全套的遗传信息，但只有某些基因得到表达，即细胞分化主要是组织特异性基因中某种（或某些）特定基因的选择性表达的结果，这些蛋白质和分化细胞的特异性状密切相关，但不是细胞基本生命活动必不可少的。某些特定奢侈基因表达的结果是生成一种类型的分化细胞，另一组奢侈基因表达的结果导致出现另一类型的分化细胞。在基因的差异表达中，包括结构基因和调节基因的差异表达，差异表达的结构基因受组织特异性表达的调控基因的调节。

2. 简述细胞分化的基本机制。

答：通过组合调控的方式启动组织特异性基因的表达是细胞分化的基本机制。细胞分化的机制极其复杂，细胞的分化命运取决于两个方面：一是细胞的内部特性；二是细胞的外部环境。前者与细胞的不对称分裂及随机状态有关，尤其是不对称分裂使细胞内部得到不同的基因调控成分，表现出一种不同于其他细胞的核质关系和应答信号的能力；后者表现为细胞应答不同的环境信号，启动特殊的基因表达，产生不同的细胞的行为，如分裂、生长、迁移、黏附、凋亡等，这些行为在形态发生中具有极其重要的作用。

3. 1981 年，英国科学家马丁·埃文斯（Martin J.Evans），首次从老鼠胚胎中提取出胚胎干细胞（ESC）；美国科学家马里奥·卡佩基（Mario R.Capecchi）、奥利弗·史密斯 Oliver Smithies 对胚胎干细胞进行了基因改造，导致“基因敲除”小鼠的出现。他们因此获得 2007 年诺贝尔生理学或医学奖。2007 年日本科学家山中伸弥（Shinya Yamanaka）的研究团队通过对小鼠的实验，发现诱导人体表皮细胞使之具有胚胎干细胞活动特征的方法，使人们不用从人类胚胎细胞中获取干细胞，而可以使皮肤细胞等完全分化的细胞重新转化成干细胞，称为 IPS；此方法免除了使用人体胚胎提取干细胞的伦理道德制约，他因此与第一次从动物的成体细胞中重新复制出一个新的动物的英国科学家约翰·格登（John Gurdon）获得 2012 年诺贝尔生理学或医学奖。请问：什么是干细胞（stem cell）？有什么特点？在医学上什么意义？

答：干细胞是一类具有自我复制能力的多潜能细胞，在一定条件下，它可以分化成多种功能细胞。

干细胞具有几个显著的特点：①干细胞本身不是终末分化细胞（干细胞不是处于分化途径的终端）。②干细胞能无限地分裂。③干细胞分裂产生的子细胞只能在两种途径中选择其一：或保持亲代特征，仍作为干细胞；或不可逆地向终末分化。从功能上来讲，干细胞不是执行已分化细胞的功能，而是产生具有分化功能的细胞。

干细胞的用途非常广泛，涉及医学的多个领域。目前，科学家已经能够在体外鉴别、分离、纯化、扩增和培养人体胚胎干细胞，并以这样的干细胞为“种子”，培育出一些人的组织器官。干细胞及其衍生组织器官的广泛临床应用，也将产生一种全新的医疗技术，也就是再造人体正常的甚至年轻的组织器官，从而使人能够用上自己的或他人的干细胞，或由干细胞所衍生出的新的组织器官，来替换自身病变的或衰老的组织器官。

美国《科学》杂志于 1999 年将干细胞研究列为世界十大科学成就的第一，排在人类基因组测序和克隆技术之前，足见其意义重大！

4. 1910 年，美国科学家弗朗西斯·佩顿·劳斯（Francis Peyton Rous）首先确定了长在鸡胸的肉瘤是由病毒引起的，该病毒被称为“劳斯肉瘤病毒”；1966 年劳斯因此荣获诺贝尔生理学和医学奖。20 世纪 70 年代美国微生物学家毕晓普（M.Bishop）和瓦尔默斯（Harold Elliot Varmus）着手研究癌基因的起源，发现了动物肿瘤病毒的致癌基因源出于细胞基因，即所谓的原癌基因；原癌基因正常情况下是不活跃的，不会导致癌症；当受到物理、化学、病毒等因素的刺激后被激活，成为致癌基因，这否定了癌基因必然源自病毒的看法。他们因此荣获 1989 年诺贝尔生理或医学奖。请问什么是癌基因（oncogene）、病毒癌基因（viral oncogene，*v-onc*）和细胞癌基因（cellular oncogene，*c-onc*）？原癌基因（proto-oncogene）的激活包括哪几种方式？

答：癌基因是一类会引起细胞癌变的基因。癌基因可以分为病毒癌基因和细胞癌基因。

病毒癌基因是指反转录病毒的基因组里带有可使受病毒感染的宿主细胞发生癌变的基因。

细胞癌基因又称为原癌基因（proto-oncogene），是指细胞内的正常基因，它们编码的蛋白质在正常细胞中通常参与细胞的生长与增殖的调控，但突变后会导致细胞癌变。大多数癌基因都是由与细胞生长和分裂有关的正常基因（原癌基因）突变而来。

原癌基因的激活方式有点突变、插入突变、染色体重排、基因扩增。

5. 什么是"癌基因学说"，如何评价该学说？

答：（1）1972 年 R.Huebner 和 G.Todaro 提出了"癌基因学说"（oncogene theory）。他们主张，细胞癌变是由病毒基因组中的癌基因引起的，反转录病毒的癌基因原为细胞基因组的组成部分，可能是在进化早期反转录病毒通过感染细胞而获得了癌基因。如果癌基因受到阻遏，细胞则可以保持在正常状态，一旦这种阻遏被打破，细胞就会发生恶性转化。致癌剂，如化学致癌物、辐射等，能激活这种潜在的内源病毒癌基因。并认为，细胞内的癌基因是病毒基因组留下的遗迹。

（2）癌基因学说是正确的，癌症确是一类遗传病，但是 Huebner 和 Todaro 关于癌基因起源于病毒基因组的看法却与事实不符。许多研究结果表明，脊椎动物中的细胞癌基因并非是病毒癌基因的副本。

第十五章 细胞社会的联系：细胞连接、细胞黏着和细胞外基质

一、名词解释

1. 凝集素（lectin）：是动物细胞和植物细胞都能够合成和分泌的、能与糖结合的蛋白质，在细胞识别和黏着反应中起着重要作用，主要是促进细胞间的黏着。凝集素具有一个以上同糖结合的位点，因此能够参与细胞的识别和黏着，将不同的细胞联系起来。

2. 胶原（collagen）：胶原是细胞外最重要的水不溶性纤维蛋白，其基本结构单位是原胶原，是构成细胞外基质的骨架。其主要作用是给细胞提供抗张力和弹性，并在细胞的迁移和发育中起作用。

3. 蛋白聚糖（proteoglycan）：是由一个核心蛋白分子与多个糖胺聚糖链组装而成的蛋白质-多糖复合物，常见于结缔组织和细胞外基质及许多细胞的表面。蛋白聚糖可吸附大量水分子形成一个多孔的亲水性凝胶，赋予组织抗压特性。

4. 细胞连接（cell junction）：在细胞质膜的特化区域，通过膜蛋白、细胞支架蛋白或胞外基质形成的细胞与细胞之间，或者细胞与胞外基质间的连接结构。细胞在识别和黏着的基础上进行细胞连接。有三种方式：紧密连接、斑块连接、通讯连接。

5. 紧密连接（tight junction）：又称为不通透连接（impermeable junction）或封闭连接，是指细胞质膜上，紧密连接蛋白（门蛋白）形成分支的链索条，与相邻的细胞质膜上的链索条对应结合，将细胞间隙封闭。紧密连接除了连接细胞之外，还有两个作用：防止物质双向渗漏，并限制膜蛋白在脂分子层的流动；维持细胞的极性。

6. 斑块连接（plaque-bearing junction）：又称为锚定连接（anchoring junction），通过细胞质膜内侧的斑块（plaque）将细胞与细胞、细胞与细胞外基质同胞内细胞骨架连接起来的细胞连接方式，由黏着蛋白、整联蛋白和细胞骨架构成，形成坚挺有序的细胞群体、组织与器官。根据跨膜蛋白是同肌动蛋白纤维相连还是同中间纤维相连，将斑块连

接分为黏着连接（黏着带、黏着斑）和桥粒（桥粒和半桥粒）两大类。

7. 间隙连接（gap junction）：在动物细胞间专司细胞间通讯的连接方式。相邻细胞质膜上的两个连接子对接形成中空的完整的间隙连接结构，以利于小分子通过。

二、填空题

1. 胶原，弹性蛋白，非胶原糖蛋白，氨基聚糖，蛋白聚糖。
2. 原胶原，Gly-x-y。
3. 识别，黏着，紧密连接，斑块连接，通讯连接。
4. 桥粒，半桥粒，黏着带，黏着斑。
5. 连接子，6 个亚基，1.5。

三、选择题

1. C；2. C；3. B；4. B；5. A；6. C；7. A；8. A；9. D；10. A；11. D

四、问答题

1. 简述细胞外基质的组成成分、结构和生物学功能。

答：细胞外基质是由动物细胞合成并分泌到胞外、分布在细胞表面或细胞之间的大分子所构成的网络结构。它由三大类成分构成：蛋白聚糖，它们能够形成水性的胶状物；结构蛋白，如胶原和弹性蛋白，它们赋予细胞外基质一定的强度和韧性；黏着蛋白，如纤连蛋白和层粘连蛋白，它们促使细胞同基质结合。

2. 黏着带与黏着斑连接有什么不同？

答：主要差别是：黏着带是细胞与细胞间的黏着连接，而黏着斑是细胞与细胞外基质相连。除了这一根本区别之外，还有其他一些不同：①参与黏着带连接的膜整合蛋白是钙粘连蛋白，而参与黏着斑连接的是整联蛋白，即细胞外基质受体蛋白。②黏着带连接实际上是两个相邻细胞膜上的钙粘连蛋白与钙粘连蛋白的连接。而黏着斑连接是整联蛋白与细胞外基质中的粘连蛋白的连接。因整联蛋白是纤连蛋白的受体，所以黏着斑连接是通过受体与配体的结合。③黏着斑连接中，细胞质斑含有踝蛋白，这种蛋白质在其他的细胞质斑中是不存在的。

3. 比较纤连蛋白和整联蛋白。

答：纤连蛋白与整联蛋白这两种蛋白质均参与细胞黏着，但一种是 ECM 的细胞外基质蛋白（纤连蛋白），另一种是整合膜蛋白（整联蛋白）。纤连蛋白与 ECM 中的其他成分和细胞表面的蛋白质有结合位点。整联蛋白是跨膜杂合二聚体，即 α 和 β 亚基所组成；它与纤连蛋白、其他含 RGD 序列的蛋白质和其他 ECM 蛋白有结合位点。在一些细胞中，纤连蛋白可作为整联蛋白特异的配体，整合素也可作为纤连蛋白的受体。

参 考 文 献

陈志坚，王秉新，谭涛，等. 2014. 遗传学实验教程. 桂林：广西师范大学出版社.

丁明孝，苏都莫日根，王喜忠，等. 2009. 细胞生物学实验指南. 北京：高等教育出版社.

高文和. 2001. 医学细胞生物学实验与习题. 天津：天津大学出版社.

王金发. 2003. 细胞生物学. 北京：科学出版社.

王金发. 2004. 细胞生物学习题解析. 北京：科学出版社.

王金发，何炎明. 2008. 细胞生物学实验教程. 北京：科学出版社.

王任翔，李红，谢强，等. 2008. 华南紫萁嫩孢子囊——观察减数分裂过程的好材料. 生物学教学，10：57.

辛华. 2001. 细胞生物学. 北京：科学出版社.

杨维才，贾鹏飞，郑国锠. 2015. 郑国锠细胞生物学. 北京：科学出版社.

翟中和，王喜忠，丁明孝，等. 2007. 细胞生物学. 北京：高等教育出版社.

Foster A S，Gifford E M. 1983. 维管植物比较形态学. 李正理，张新英，李荣敖，等译. 北京：科学出版社.

Nayar B K，Kaur S. 1971. Gametophytes of homosporous ferns. The Botanical Review，37（3）：295-396.

附录一　实验室规则

一、遵守纪律，按时上课，不迟到、不早退、不旷课。

二、进入实验室之前要换好白大衣。

三、保持实验室安静，不许在实验室内大声喧哗及随意走动。

四、认真实验，不得进行与实验无关的活动。

五、听从实验老师的安排，实验室内各仪器、药品及试剂不得在组间调换。

六、节约实验材料、药品；节约用水、用电。

七、遵守实验室安全规则。注意易燃、易爆、有毒物品的使用。

八、爱护仪器、设备和标本。如遇损坏，应及时报告老师，不得自行处理。

九、保持实验室内清洁整齐。实验结束后，各组必须认真清理各自的实验台面，将仪器、实验用品及器材清洗干净，按原来样摆放整齐。值日生负责清扫室内卫生，关好水、电开关和门、窗等，经老师允许后方可离开实验室。

附录二　细胞生物学实验绘图方法与要求

一、用铅笔绘图，线条要明确清晰，图的深浅明暗以点的疏密来表示，点要圆而一致，不得美术加工。

二、选择典型结构进行描绘，要求真实、准确。

三、各部分结构名称要在一侧引直线注明，各引线要平行不得交叉。

四、每幅图的大小、位置在纸面上必须安排得当并注意纸面的整洁。

五、图注要简明扼要，显微结构图需注明放大倍数。